C.

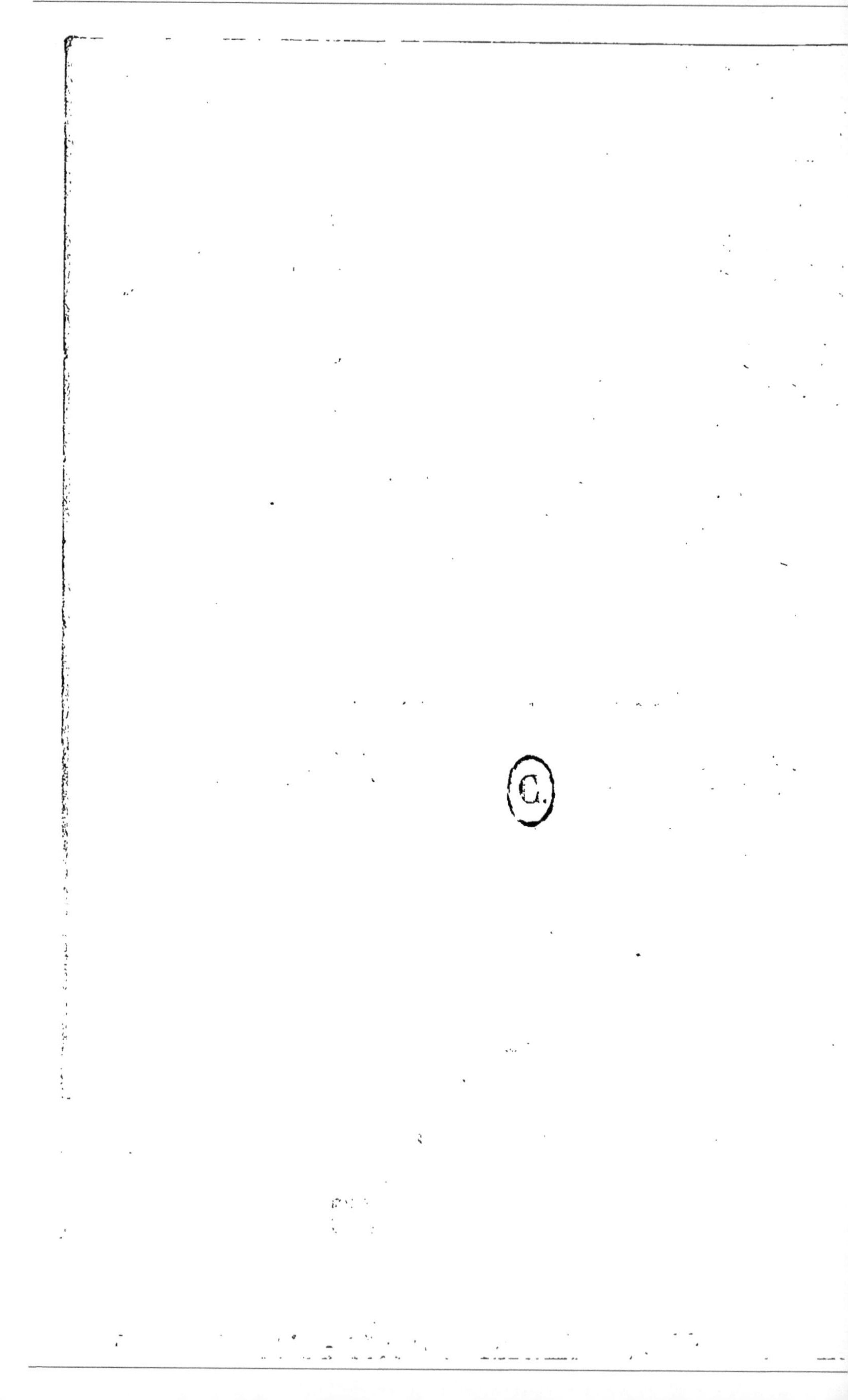
C.

LE NOUVEAU

TARIF DE POCHE

DU BATIMENT

PAR MM. E. BOISSAY ET C. VERHAEGHE,

ARCHITECTES.

PREMIÈRE PARTIE.

MAÇONNERIE, TERRASSE, CARRELAGE.

PRIX : 1 FR. 25 C.

PARIS.

PUBLIÉ PAR **A. GRIM**, ÉDITEUR,

BOULEVART SAINT-MARTIN, 19.

TERRASSE.

	PRIX DU MÈTRE	
	superfic.	cube.
	fr. c.	fr. c.
Chargement à la brouette..		» 14
d° au tombereau		» 17
Dressement en nivellement du sol en petites parties	» 05	
d° au rouleau très bien fait.	» 06	

Fouille

Faite par les maçons et partiellement les terres jetées sur berge et conduites à la brouette à 20^m de distance.		1 25
A 2 banquettes jetées sur berge. . .		1 50
En rigole, jetées sur berge		» 60
Jetées sur banquette.		» 65
d° par les terrassiers.		
En excavation accessible aux voitures		» 30
En rigole		» 34
Jetée sur berge		› 51
d° sur banquette		» 54

NOTA. Les fouilles dans les autres natures du sol.

En sable fin (*non compris jet ni banquette*)		» 15
En terre crayeuse		› 45
Jet sur berge		» 17
d° sur banquette		» 20
Pilonnage de terre, en simple rigole.		› 07

	PRIX DU MÈTRE.	
	superfic.	cube.
	fr. c.	fr. c.
Régalage.	» 01	
Repiquage de terre, depuis 0ᵐ05ᶜ jusqu'à 0ᵐ20ᶜ.	» 07	
Plus-value pour fouille dans l'embarras des étaies, 1/5 en plus.		
Remblai simple en rigole.		» 13
Régalage de terre jusqu'à 0ᵐ05ᶜ de haut		» 20

Transport.

	PRIX DU MÈTRE cube.
A la brouette, à 20ᵐ de distance . .	» 12
A 1 ou 2 chevaux, à 100ᵐ de distance, compris le chargement et le déchargement.	» 40
Chaque distance de 100ᵐ en plus. .	» 08
Plus-value de transport à la brouette sur chemin de pente, 1/3 en plus.	

Journées.

	Chaque journée.
	fr. c.
Ouvriers terrassiers. { été . .	3 20
{ hiver .	2 75
De voitures à 1 cheval. . . .	10 »
dᵒ à 2 chevaux . . .	15 30
dᵒ à 3 chevaux . . .	20 30

MAÇONNERIE.

Evaluations.

	EVALUAT.
Aire en plâtre.	1/4
Augets ordinaires.	42/100
d° cintrés	1/2
Entrevoux.	17/100
Plafond sur lattes, neuf, et auget ordi-naire	0/0
d° rampant.	0/0
Bande de Trémi plafonnée dessous en platras neuf.	0/0
d° vieux.	3/4
Plate-Bande de fourneau	2/3
Cendrier . . . ·	1/2
Hourdis plein en platras fourni.	1/3
d° d° vieux.	1/4
Scellement de lambourdes avec solins de chaque côté.	1/3
d° d° avec augets. .	42/100
Plus-value pour chaînes.	1/12
d° dans l'aire.	1/6
Cloisons en carreaux de plâtre, de 08ᶜ d'épaisseur, enduits des deux faces.	0/0
d° en carreaux de plâtre jointoyés des deux faces.	3/4
d° d° pour façon seulement compris jointoyement des deux faces.	1/5

	ÉVALUAT.
Cloisons hourdées, lattées et ravalées des deux faces	0/0
Lattis jointif pour aire sans être cloué . .	1/4
d° d° cloué.	1/3
d° pour cloison pan de bois . .	1/2
Jointoyement compris dégradation des joints	
Sur moëllon en vieux murs et briques . .	
d° neuve	1/6
d° en murs neufs	1/8
Crépi plein sur mur neuf	1/6
d° d° vieux compris hach^t.	1/4
Crépi et enduit sur murs neufs.	1/4
d° d° vieux, comp. h^t.	1/3
d° sur plafond compris lattis.	1/2
Plus-value d'enduit circulaire	
d° d'augets faits en sous-œuvre à l'italienne	1/10
Renformés en plâtre pur, par chaque centimètre d'épaisseur	1/15
Plus-value d'échafaud en travaux de réparation	1/12
Le mètre linéaire d'arrête droite.	0/05
d° d° arrondie. . . .	0/06
Bandeau crépi moucheté.	0/05
d° enduit.	0/20
Capucine.	0/25
Crévasse en mur.	0/05
d° plafond en ravalement	0/08
d° à la corde à nœud	0/15
Feuillure.	0/10

	ÉVALUAT.
Joint tiré au crochet..	0/03
Denticule ordinaire jusqu'a 06ᶜ.	0/02
d° avec développement carré.	0/03
d° à langue de chat . .	0/04
d° plus grande de 0^m7^c jusqu'à 0^m11^c.. .	0/05
Moulures. . { Chaque face plane jusqu'à 0^m05^c de large.	0/05
Chaque face courbe jusqu'à 0^m10^c	0/10
Les mêmes augmentant successivement et comptées suivant leur développement.	
Les mêmes à la main, à ⅔ et ¼ de celles au calibre .	
Plus-value pour moulures courbes 1/3 en plus de celles droites.	
Angle saillant.	0/10
d° rentrant.	0/20
Amortissement	0/05

NOTA. Il n'est pas dû les dégagements et saillie masse ; il est déduit un quart à légers sur les surfaces de moulures faites sur murs ou plafonds.

Naissances sur murs..	0/08
d° sur plafonds.	0/12
Solins de calfeutrement de croisée. . . .	0/05
Pose de chambranles, com- { sans foyer. .	0/60
pris scellement de patte } avec foyer. .	0/75
Dépose et rangement.	0/20

	EVALUAT.
Pose d'un fourneau économique.	0/50
d° poissonnière.	0/20
d° réchaud.	0/15
Pose d'un siége d'aisance compris solins et fourniture de culotte.	1/25
d° sans fourniture de culotte.	0/75
d° d'un siége mécanique pour scellement.	0/30
Tuyaux réservés dans les murs en moellons, le mètre courant pour façon et enduit.	0/30
d° en saillie d'avant corps	
Compris arrêtes, le premier tuyau	0/0
d° les autres.	4/5

Tuyaux de fonte

POUR POSE.

Le mètre courant.

Pour chausse d'aisances, compris trous et scellements de brides et crochets	0/30
d° avec chemise en plâtre. . .	0/80
d° de ventouse compris scell^t.	0/20
d° avec chemises	0/60

Démolitions

DE LÉGERS.

Le mètre superficiel.

	EVALUAT
Aire augets, enduits de plafonds lambris, bois de charpente et cloison sourde.	0/05
dᵒ d'augets de lambourdes.	0/06
dᵒ de cloison légère, languette en plâtre.	0/08
dᵒ hourdis plein de corniche de 0ᵐ35ᶜ de saillie.	0/10
dᵒ de corniche, les planchers ou plafonds conservés	0/15
Pose d'une mître la pièce. { en plâtre grand moule .	0/70
dᵒ pour pose seulement avec solins intérieurs et extérieurs . .	0/30
Mitrons pour pose avec solins	0/20

Tailles.

Le mètre superficiel.

	EVALUAT
Taille apparente avec ébauche.	0/0
dᵒ après évidement	1/2
dᵒ circulaire, simple courbure. . . .	0/0.1/3
dᵒ dᵒ à double courbure. . .	2.0/0
dᵒ dᵒ en talus	0.1/10
dᵒ galbée pour colonne	0.1/2
dᵒ après évidement	1/2

	EVALUAT.
Taille rustique avec ciselure au pourtour.	3/4
d° ragrément à la ripe et recoupement de balèvres.	1/8
d° ragrément en plein au vif passé, au gré et jointoyement p^r intérieur.	1/4
d° extérieur	1/3

Moulures.

Le mètre linéaire.

	EVALUAT.
Angle saillant.	0/10
Angle rentrant.	0/20
Amortissement.	0/05
Chaque moulure qui développe moins de 0^m10^c sera comptée sur 0^m15^c de taille compris épannelage, ragrément, passage au gré et jointoyement. . . .	0/15
Chaque face plane entre les moulures courbes seront comptées.	0/075
Les feuillures ou dégagement de retraite jusqu'à 0.15 développées.	0/15
Trous dans la pierre chaque centimètre de refouillement.	0/01

Nota. Les moulures courbes qui excéderaient des dimensions de celles ci-dessus comptées, seront évaluées à % 1/2 de leur développement réel.

Les surfaces planes ou feuillures seront évaluées à % de leur développement. . . . .

Constructions

EN BÉTON.

	PRIX du mètre cube	
	fr.	c.
Le mètre cube de béton en cailloux, silex lavé et nettoyé, et brossage de la meulière concassée, cailloux, chaux et sable fourni	18	75
Meulière concassée, sable et chaux hydraulique et sable fin de rivière et par couche de 0.10 d'épaisseur...	23	10
Meulière chaux de senonches et sable . .	28	90
Meulière concassée à façon et fourniture de mortier	14	20

DÉTAILS DES TRAVAUX.

Hourdi en plâtre.	Massifs et remplissage de reins de voûtes. . . . .
	Murs en fondation compris jointoyement. . . . .
	Murs en élévation. . . . .
	Voûtes. . . . .
	Voûtes en reprises et en arrachement. . . . .
En chaux et sable.	Massifs et remplissage de reins de voûtes. . . . .
	Murs en fondation compris id.
	Murs en élévation. . . . . . .
	Voûtes. . . . .
	d° en reprise, id. id.

Plus-value de hourdis en chaux hydraulique et d°   d° de senonches

SUPPLÉMENT DE MAIN-

En reprises (soit meulières ou moellons) par ras des étais. . . . .

EN MOÈLLONS ET MEULIÈRES.

PRIX DU MÈTRE CUBE.

MOELLONS neufs.		MOELLONS vieux à façon et fourniture de plâtre ou mortier		MOELLONS vieux à façon sans fourniture de plâtre.		MEULIÈRE neuve.		MEULIÈRE vieille avec fourniture de plâtre ou mortier		PRIX d'estimation.	
fr.	c.	fr.	c.	fr.	c.	fr.	c.	fr.	c.	fr.	c.
15	25	7	35	2	70	21	45	8	65		
17	10	8	15	»	»	21	75	8	95		
17	75	8	95	»	»	22	50	9	70		
18	40	9	50	»	»	23	55	10	75		
»	»	»	»	»	»	26	75	13	90		
14	80	6	75	»	»	20	65	7	85		
16	50	7	35	»	»	21	5	8	15		
17	30	8	15	»	»	21	75	8	95		
17	85	9	5	»	»	22	90	10	»		
»	»	»	»	»	»	26	5	13	15		

sable par mètre cube, ... 1 50

et sable par mètre cube. 4 75

D'OEUVRE DANS LES MURS.

épaulées faites avec soin et dans l'embar-

. . . . 1 50

	PRIX d'estima- tion.
	fr. c.
Murs circulaires en moellons, en meu- lières; supplément de façon.	1 »
Murs en reprise pour plus-value.	» 90

Construction

EN PLATRAS ET PLATRE.

	PRIX du mètre cube.	
	NEUF fourni.	VIEUX façon.
	fr. c.	fr. c.
Massifs en remplissages quelconques.	11 20	8 20
Murs en élévation. . . .	12 85	9 70
Voûtes ou niches, compris scellement et descellement des cintres.	14 »	11 10

Les murs pour dessus de cheminées faits après coup au-dessus des combles, ou pour grande élévation.	16 ,
Les mêmes, mais à façon	11 50

Démolitions.

Pour murs en moellon ou platras, hourdis en platre ou mortier, sans triage ni gravois.	1 »
d° en meulière	1 50

	PRIX d'estimation.	
	fr.	c
Démolitions partielles de murs en moellons, platras ou légers ouvrages confondus, compris déblaiement, triage des matériaux, descente ou montage, et sortir les gravois.	2	30
Les mêmes pour murs seuls en plâtre, partie en moellons.	2	60
d° en meulière.	3	10
Pour ouverture de baies en moellons, compris triage et gravois comme dessus, dans l'embarras des étais. .	3	»
d° en meulière.	3	50
Démolition ordin. : en moellons, compris descente et montage, sortie des gravois et triage des matériaux. . .	2	»
d° en meulière.	2	50
d° en moellons compris nettoyage et décrottage des matériaux pour être réemployés.	3	»
d° en meulière.	3	50
d° sans gravois transportés à la brouette à 20^{m}00 de distance.	1	75
Le transport seul	»	50
Chaque relai en plus du premier augmente les prix ci-dessus de.	»	50

	PRIX d'estimation.	
	fr.	c
émolition de briques compris triage, descente, montage et sortir les gravois valant.	4	»
d° compris décrottage.	4	50
Pour tuyaux de cheminées, le m^{tre} superf^l.	»	60
De légers ouvrages compris descente des gravois à la hotte et déblais desdits . .	3	»
Emmétrage de moellons.	»	50
d° de meulières.	»	65

Transport.

A la brouette de moellons ou meulières ne pouvant être déposés à pied d'œuvre, y compris charg^t et décharg^t, par mètre cube, à un relai de distance.	4	»
Chaque relai de plus	1	50

Gravois.

Gravois enlevés aux décharges publiques au tombereau cubant 1^m cube.	3	»
d° roulés ou apportés et ramassés, en tas sur les planchers, puis jetés par les fenêtres..	1	75
d° de plus, descendus du 2me étage.	2	40
d° descendus directement d'étages différents.	1	10
d° chargés dans des brouettes avec transport à un relai.	»	60
Chaque relai en plus	»	20

Piquage de moellons.

(LE CENT.)

	PRIX d'estimation.	
	fr.	c.
Durs	7	50
Tendres.	4	»
De meulières	15	»
Plates-bandes en moellons neufs, lesdits taillés en coupe sur trois faces, hourdés en plâtre ou mortier, le mètre cube.	31	»
Plaquettes de moellons, choisis pour saillie, masse hourdée en plâtre.	23	55
Chape en mortier de 0.6, le mètre superficiel.	2	10
d° de 0.9 à 0.10.	2	70
d° en mortier chaux hydraulique, repassé à la truelle avec soin et enduite de 0.08 d'épaisseur	3	50
d° en asphalte de 0.03 d'épaisseur.	7	»

Dépavage.

LE MÈTRE SUPERFICIEL.

	PRIX d'estimation	
	fr.	c.
Avec rangement.	»	11
Avec transport à 50.00, réduit et range-ment.	»	22
Mitre à la fongerolle, ronde ou carrée,		
Avec pose, compris solins.	2	20
Sans pose.	1	30

Construction

EN BRIQUES HOURDÉES EN PLATRE.

	PRIX d'estimation	
Pose en revêtement compris incrustement,	»	18
d'une brique neuve de Bourgogne. .	»	15
d° façon Bourgogne. .	»	10
d° à façon.		
Brique de Gourlier ou Vaugirard, cintrée pour tuyaux :		
A façon.	2	40
Métrée en cube.	18	60
d° mais avec fourniture de la brique hour-dée en plâtre, sans déduction de vides existant dans les murs.	52	30

DÉTAILS des TRAVAUX.	PRIX DU MÈTRE CUBE.					PRIX. Estimation.
	BRIQUES NEUVES.			BRIQUES VIEILLES.		
	Bourgogne.	Façon bourgogne.	Pays.	Bourgogne.	Pays.	
	fr. c.	fr. c.	fr. c.	fr. c.	fr. c.	
Massifs.	65 50	53 50	48 »	13 50	15 30	
Murs percés de baies ou ouvrages de fortes épaisseurs.	67 50	55 50	» »	» »	» »	
D° pour fourneaux d'usines ou écono-miques.	90 50	79 »	» »	» »	» »	
Murs en reprise. . . .	68 50	56 50	51 50	16 50	18 80	
Voûtes.	70 »	58 »	52 50	18 »	20 »	

DÉTAILS des TRAVAUX.	PRIX DU MÈTRE SUPERFICIEL.					PRIX. Estimation.
	BRIQUES NEUVES.			BRIQUES VIEILLES.		
	Bourgogne.	Façon bourgogne.	Pays.	Bourgogne.	Pays.	
Cloison des épaisseurs.	fr. c.	fr. c.	fr. c.	fr. c.	fr. c.	
0.05.	» »	» »	2 90	0 90	1 »	
0.054.	4 05	2 35	» »	» »	» »	
0.08 × 08.	» »	» »	3 90	» »	1 30	
0.11.	7 65	6 25	5 30	1 65	1 75	
0.22.	15 05	12 30	10 45	3 10	3 25	

Refouillement.

		PRIX d'estima-tion.
		fr. c.
A la masse et au poinçon	{ en meulière. . brique dure. . }	15 »
En moellon dur. . . .	{ à la pioche sur le tas. . . .	6 »
	à la masse et au poinçon. . .	9 »

Libages

EN ROCHE.

De Bagneux.	66 »
De Charenton.	62 15

Construction

EN PIERRE.

Liais.. . . . .

PRIX DU MÈTRE CUBE.

Saint-Denis.		Conflans, Sainte-Hono-rine.	Senlis.	Bel-Air.	Saint-Maur.
de 0,50 de hauteur.	de 0,40 de hauteur.				
fr. c.	fr. c.	fr. c.	fr. c.	fr. c.	fr. c.
165 »	126 50	137 50	130 »	120 20	105 »

Roche neuve.

Pour assises, parpaings, marches, gar-
gouilles, appuis, dalles, au-dessus de
0^m,10 d'épaisseur, etc.

NATURE de la pierre.	PRIX DU MÈTRE CUBE.			
	Moulin.	Bagneux, Bel-Air, Basse, 1re qualité.	Do de la Plaine.	Mont-Souris.
	fr. c.	fr. c.	fr. c.	fr. c.
Prix. .	94 »	94 »	93 10	82 50
NATURE de la pierre.	Bagneux, Châtillon, 1re qualité.	Bagneux, 1re qualité, de 0.50 à 0,70.	Fine des Forgets.	Saint-Nom, Banc-Haut et Châtillon-sur-Seine.
	fr. c.	fr. c.	fr. c.	fr. c.
Prix. .	102 50	110 »	115 50	121 »
NATURE de la pierre.	Saint-Nom, Banc-Bas.	Laversine de 0,50 à 0,70.	Saint-Nom, Banc-Guinard.	Vallan, Gongard.
	fr. c.	fr. c.	fr. c.	fr. c.
Prix. .	130 »	146 75	139 70	150 50

Pierre franche ou tendre.

	PIERRE FRANCHE DURE.			D° TENDRE.		PRIX d'estimation.
Conflans, Sainte-Honorine	Roche douce.	des Forgets	du Moulin.	Vergelé.	Lambourdes, St-Maur.	fr. c.
fr. c.	fr. c.	fr. c.	fr. c.	fr. c.	fr. c.	
104 »	93 »	85 »	80 50	69 »	62 »	

NOTA. Dans les prix ci-dessus sont compris transport de la pierre au bâtiment, taille de lits et joints, déchet, bardage à 100^m,00 de distance et roulage sur le tas, pose, coulage et fichage.

Dans les libages, il n'est compris que la taille des joints et un lit seulement.

Dallage à un parement de sciage.

	PRIX DU MÈTRE SUPERFICIEL.	
	Liais d'Arcueil.	Château-Landon,
	fr. c.	fr. c.
De 0,027 d'épaisseur	14 70	» »
De 0,054.	17 50	22 »
De 0,08.	19 30	» »
De 0,10.	21 60	» »
De 0,11.	» »	26 40
De 0,16.	» »	29 70

Vieille Pierre.

Le mètre cube.

	PRIX d'estimation.
	fr. c.
Pour montage en grande quantité, à 10^m,00 de hauteur, et posée seulement.	9 35
De plus, bardée à 100^m,00 environ....	12 50
d° bardage seulement à cinq relais de distance, compris chargement et déchargement.	3 50
d° bardage seulement à cinq relais.	» 50
d° au moyen de chevaux......	» 35
d° bardage au chariot à relais de distance, avec rangement. ..	4 65
Chaque relais, en plus ou en moins.	» 12

Montage.

Le mètre cube.

	PRIX d'estimation.
De pierre à 4^m,00 de haut { au moyen d'hommes. .	2 30
chaque mètre en plus ou en moins vaut.	» 33
Vieille pierre pour incrustation en petites parties, le mètre cube.	40 »

Vieille pierre

POUR BARDAGE ET POSE.

	PRIX DU MÈTRE CUBE.						PRIX d'estimation.	
	TAILLE des joints.		TAILLE des lits.		TAILLE des lits et joints.			
	fr.	c.	fr.	c.	fr.	c.	fr.	c.
Liais.	16	80	24	70	31	50		
Vallangongard . . .	17	30	23	50	30	50		
Châtillon-sur-Seine, Saint-Nom, Banc-Guinard et Laversine	16	80	21	»	27	50		
Châtillon, Bagneux du Bel–Air. . . .	16	»	18	»	24	»		
Moulin.	13	50	17	»	21	»		
Pierrefranche. . . .	12	50	16	»	19	»		
Vergelé.	12	»	14	50	16	50		

Évidement simple

A LA PIOCHE.

	PRIX DU MÈTRE CUBE.	
	au chantier.	sur le tas.
	fr. c.	fr. c.
En liais.	48 85	55 90

	PRIX du mètre cube		PRIX d'estima-tion.
	au chantier.	sur le tas.	
	fr. c.	fr. c.	fr. c.
ROCHE — du Moulin, Saint-Nom, Banc-Haut, fine des Forgets	38 85	44 50	
Laversine, Saint-Nom, Banc-Guinard, etc. .	64 25	72 85	
Vallangongard. .	74 85	85 50	
Châtillon – sur – Seine.	48 50	55 85	
St-Nom, Banc-Bas, Mont-Souris	42 »	47 »	
FRANCHE. — Pierre dure . . .	33 »	37 40	
Pierre tendre . .	21 »	23 50	

Évidement et déchet.

EN LIAIS.	PRIX du mètre cube
	fr. c.
Saint-Denis, de 0.50 de haut . .	190 »
d° de 0.40 d° . . .	152 90
Bel-Air.	141 35

	PRIX du mètre cube.		PRIX d'estima- tion.	
	fr.	c.	fr.	c.
Saint-Maur.	127	80		
Conflans, Sainte-Honorine. . .	161	»		

EN ROCHE.

Laversine 0.50 à 0,70.	190	»		
Saint-Nom, Banc-Haut.	143	»		
Fine des Forgets.	138	»		
Saint-Nom, Banc-Guinard. . . .	176	»		
Vallangongard.	202	»		
Châtillon-sur-Seine.	154	»		
Saint-Nom, Banc-Bas.	155	»		
Mont-Souris.	105	»		
Du Moulin.	114	50		
Bagneux, Châtillon, 1ʳᵉ qualité.	136	»		

EN PIERRE FRANCHE.

Conflans, Sainte-Honorine. . .	124	»		
Roche dure.	110	»		
Des Forgets.	103	»		
Du Moulin.	95	»		

EN PIERRE TENDRE.

Vergelé.	75	»		
Lambourdes.	67	»		

Refouillement simple.

	PRIX DU MÈTRE CUBE.					PRIX d'estimation.
	A LA PIOCHE.		A LA MASSE ET AU POINÇON.			
			Sur le tas.			
	sur le tas.	au chantier.	Grande partie.	Petite partie.	au chantier.	
	fr. c.	fr. c.	fr. c.	fr. c.	fr. c.	fr. c.
LIAIS. Conflans, Sainte-Honorine, Bel-Air, Saint-Maur.	54 »	51 80	63 50	69 55	60 30	
ROCHE. Vallangongard.	83 30	78 40	98 »	107 80	93 10	
Laversine, St-Nom (Banc-Guinard).	70 »	66 »	82 50	90 75	78 35	
Châtillon-sur-Seine.	54 »	50 85	63 50	69 85	60 35	
Saint-Nom (Banc-Bas) Mont-Souris.	46 30	43 60	54 50	59 95	52 75	
Du Moulin, Saint-Nom (Banc-Haut), Fine des Forgets.	36 55	34 40	43 »	47 30	40 85	
TENDRE. Vergelé.	22 80	21 60	26 40	29 5	24 20	
Lambourdes.	18 50	17 55	21 45	23 60	20 50	

Parement de sciage.

Le mètre superficiel.

	PRIX d'estima-tion.	
	fr.	c.
En liais.	6	35
ROCHE.		
Vallangongard.	9	85
St-Nom, Banc-Guinard.	8	»
St-Nom, Banc-Bas, Châtillon-sur-Seine.	6	35
Mont-Souris.	5	40
St-Nom, Banc-Haut, du Moulin des For-gets.	4	30
En pierre franche dure.	3	35
En vergelé	1	35

Parement de taille.

	PRIX DU MÈTRE SUPERFICIEL					
	sans ragrément		avec ragrément		des lits et des joints.	
	fr.	c.	fr.	c.	fr.	c.
En liais.	6	35	7	95	2	20
En roche de Vallan-gongard.	9	80	12	25	3	45
St-Nom (Banc-Gui-nard)	8	25	10	30	2	85
Châtillon-sur-Seine.	6	35	7	95		
Bagneux, St-Nom, Banc-Bas, Mont-Souris	5	45	6	80	1	90
Conflans, Sainte-Ho-norine, en pierre franche.	4	30	5	40	1	50
Du Moulin, St-Nom, Banc-Haut et des Forgets.	5	5	6	30	1	75
Vergelé.	2	40	3	»	»	95

Granit.

	PRIX d'estimation.	
	fr.	c.
Bordure, le mètre linéaire de 0.30 sur 0.25 de haut, compris mortier et joints.	13	65
Dallage, le mètre superficiel de 0.8 à 0.10, compris sable, mortier et joints	23	23
Évidement en granit, au chantier. . . .	400	»
d° sur le tas.	450	»
Taille pour joints.	7	»
d° pour trous entailles et tranchées. .	14	»

Rocaillage

EN MEULIÈRE CONCASSÉE.

En plein les meulières brûlées, posées à bain de mortier.	4	50
d° en parement hourdé en mortier et ciment . .	6	»
Les parements ordinaires en chaux et sable sur meulière. . .	1	65
d° voûte.	2	25

NOTA Les mêmes, en chaux hydraulique, 25 c. en plus par chaque mètre superficiel.

Meulière concassée en très petits morceaux et scellés sur un percement de mur brut avec chaux de Senonches.	14	70

Enduit.

| | LE MÈTRE SUPERFICIEL | | PRIX d'estimation. |
	Murs vieux.	Murs neufs.	
	fr. c.	fr. c.	fr. c.
En ciment romain. . . .	3 60	3 40	
d° dans les fosses, compris garnissage des joints. .	4 20	3 80	
d° chaux hydraulique de Senonches de 0,4 à 0,6, et sable.	4 70	4 25	

Joints

COMPRIS DÉGRADATION ORDINAIRE.

		PRIX d'estimation
Sur mur neuf.	en plâtre.	» 15
	chaux et sable.	» 15
	d° ciment.	» 25
	chaux hydraulique et sable. .	» 20
	d° ciment.	» 30
	ciment romain.	» 25
	mastic d'Hill.	» 35
	limaille.	» 25
	en bitume.	» 25

Jointoyements.

	PRIX d'estimation.
	fr. c.
En mortier ou plâtre sur moellon.	» 40
Sur meulière en brique neuve.	» 50
Sur brique de champ.	» 30
d° briques neuves avec frottis au-dessus des combles.	1 50
d° en chaux de Senonches ou ciment romain, compris rocaillage des joints en meulière concassée sur mur neuf.	2 »
d° compris dégradation sur vieux murs.	2 55
d° mais en chaux et sable.	1 50
d° compris forte dégradation et fort rocaillage en meulière.	3 50

Parements

DE MURS.

		PRIX d'estimation.
Brique	frottée au grès, jointoyée en plâtre ou chaux ciment.	1 50
	d° feintes.	2 25
Moellons durs piqués.	moellons avec jointoyement en plâtre.	2 35
	id. id. en chaux hydraulique.	2 45
Moellons tendres piqués et jointoyés en plâtre.		2 30
Moellons durs piqués, mais circulaires, jointoyés, idem.		2 85

	PRIX d'estimation.	
	fr.	c.
Meulière taillée en lits joints parement, posée par arrase égale et jointoyée, compris déchet.	10	50
dᵒ sans déchet.	8	50

Moellons tendres.

Smillés et jointoyés en plâtre.	1	10
dᵒ vieux	»	80

Moellons durs,

Neufs.	1	30
dᵒ mais circulaires.	1	70
Smillage d'un cent de moellons durs . . .	4	50
dᵉ tendres. .	2	50

Taille de briques.

(Le mètre superficiel.)

Dure pour trous et feuillures.	3	60
Tendre pour dᵒ	1	80

Légers.

(Le mètre superficiel.)

Dans Paris.	3	25
Hors Paris, Rive gauche.	3	15
dᵒ Rive droite	2	95

Voûte de plancher

EN POTERIE.

	PRIX d'estimation.	
	fr.	c.
De 0.22 de hauteur et 0.13 carrés à la tête, et 0.123 millimètres de diamètre intérieur.	10	»
De 0.16 de haut × 0.102 carrée de 0.095 mill. de diamètre id.	12	40
De 0.11 de haut × 0.088 carrée et 0.082 diamètre id.	12	40

Journées.

	PRIX			
	Été.		Hiver.	
	fr.	c.	fr.	c.
Tailleur de pierre. . . .	5	10	4	50
d° pour ravallement.	5	65	5	65
Poseur	5	65	5	05
Contre-poseur.	4	20	3	65
Ficheur.	3	95	3	40
Pinceur.	3	40	3	10
Bardeur.	3	10	2	80
Maçon.	4	80	4	20
Garçon	2	95	2	70
Limousin	3	65	3	20

CARRELAGE.

Carreaux neufs à pans de 0,16.

Le mètre superficiel.

Bourgogne.	Montereau.	Massy.	Paris.	PRIX d'estimation.
fr. c.	fr. c.	fr. c.	fr. c.	fr. c.
3 20	2 75	2 40	2 20	

	PRIX d'estimation.
D'âtre de Paris de 0,19 carrés.	2 95
À bandes de Paris. . . . { 0,12 carrés. . .	2 20
{ 0,16 carrés. . .	2 40
Carrelage remanié en grands carreaux. .	1 »
d° en petits carreaux. . .	1 10
Carrelage des âtres en carreaux neufs de 0,19 carrés.	2 65
d° à bandes de 0,16 carrés.	2 10
d° de Bourgogne à pans. .	2 80
Décarrelage seul.	» 8
d° avec décrottage.	» 18
Décrottage de carreaux, le mille.	4 40

Carreaux en recherche neufs

		PRIX d'estimation.
à pans de 0,16. {	Bourgogne.	» 12
{	Montereau, Massy. . .	» 10
{	Paris.	» 9
d°	d'âtre.	» 17
d°	à bande de 0,16.	» 11
d°	de 0,12.	» 8

	PRIX d'estima-tion.

Carreaux de faïence.

	fr.	c.
Le mètre superficiel.	12	85
A la pièce, sans pose.	»	8
Avec sciotage et pose.	»	15

Journées

DE COMPAGNON.

Été.	4	50
Hiver	3	95

DE GARÇON.

Été.	2	70
Hiver	2	45

Typ. Appert fils et Vavasseur, passage du Caire, 54, à Paris.

LE NOUVEAU
TARIF DE POCHE
DU BATIMENT

PAR MM. E. BOISSAY ET C. VERHAEGHE,

ARCHITECTES.

DEUXIÈME PARTIE.

CHARPENTE, COUVERTURE, PLOMBERIE, PEINTURE.

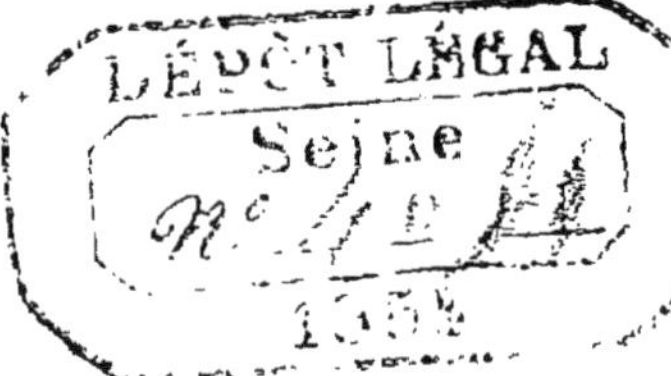

PRIX : 1 FR. 25 c.

PARIS.

PUBLIÉ PAR **A. GRIM**, EDITEUR,

BOULEVART SAINT-MARTIN, 19.

1854

CHARPENTE.

Travaux d'estimation.

	Prix d'estimation.	
	fr.	c.
Assemblage à trait de Jupiter de 0.40. .	1	20
d° d° de 0.60. .	2	40
Brûlement de poteaux de barrière de 0.60 à 0.80	»	55
Bûchement de \ de 0.035 jusqu'à 0.19 . .	»	55
poteaux . . / de 0.15 d° à 0.20 . .	1	30
Cale, la pièce.	»	65
Chanfrein, le mètre linéaire.	»	55
Chèvre, chaque jour de location.	2	»

Coupements sur le tas.

Chevrons, la pièce	»	10
Solive-sablière. . . . , ...	»	20
d° enchevêtrure.	»	40
de poutre.	»	60
de tournisses et de charges.	»	35
d° à la scie démontée.	»	45
d° à l'ébauchoir.	»	90
Délardement de deux faces de bois, le mètre linéaire.	1	20

Démolitions.

(Le stère.)

De bois assemblés et non assemblés des—

	Prix d'estima-tion.	
	fr.	c.
cendus de 10 mètres de hauteur à la chèvre ou à l'épaule.	5	»
d° les bois non assemblés ni descendus	3	50
d° jetés hors du bâtiment sans précaution	3	15
Échantignolle, la pièce.	1	25

Entaille sur le tas

SANS ÉCHAFAUD.

	fr.	c.
Corbeaux.	»	20
Etriers	»	25
A paume	»	25
Circulaire de 0.90 sur 0.8 et 0. 10.	1	65
Feuillure, le mètre } sur le tas.	»	60
linéaire. . . . . } au chantier.	»	40
Goudron, le mètre superficiel, à 2 couches.	1	50
Grains d'orge faits sur le tas, le mètre linéaire.	»	30
Joints { avec encastrement, la pièce. . .	1	»
de { simple sur le tas.	»	55
marche { à recouvrement, pour enture. .	1	30
Mantonnet pour barrière, la pièce. . . .	»	80
Mortaises sur le tas.	»	65
d° avec tenons.	1	05
Moulures faites sur le tas de 2 membres de moulures droites.	1	20

Celles courbes seront payées le double.

Percement

DE TROUS DE BOULONS.

	Prix d'estimation.	
	fr.	c.
De 08ᶜ.	»	25
De 40.	»	90
De 70.	1	50

Refeuillement sur le tas.

	fr.	c.
Le mètre linéaire.	»	55

Remplissages de jouées.

	fr.	c.
A claire-voie.	1	10
Jointif.	1	40
Façon seulement.	»	25
Tenon sur le tas.	»	50
Transport du bâtiment au chantier, et *vice versâ*, chaque voyage.	3	»
Montage à 10ᵐ00 de hauteur, soit chêne ou sapin, le stère.	2	»

Chêne vieux, bois façonné,

TRAVAUX ORDINAIRES, NON COMPRIS MONTAGE.

	fr.	c.
Non assemblé.	7	»
Assemblé pour barrière, plancher, etc. .	22	»
Refait et façonné pour escalier.	56	»
dᵒ et refeuillé pour lucarne.	54	»
dᵒ pour sablière d'égout, huisserie assemblée, etc. (1 et 2 faces). .	34	50

	Prix d'estimation.
	fr. c.
Refait pour barrière (4 faces).	35 »
d° pour mangeoire et racinaux. . . .	28 50

Chêne vieux, fourni façonné,

COMPRÍS MONTAGE, A 10ᵐ00.

Non assemblé.	56 »
Assemblé pour barrières, planchers, pan de bois, etc.	70 »
Refait pour escalier.	105 »

Sapin neuf

DU NORD.

	Ordinaire.		Qualité.	
	fr.	c	fr.	c
Non assemblé, sans montage..	73	50	85	»
Assemblé pour barrières, planchers confondus.	87	50	100	»

	Prix d'estimation
Sapin refait, moulures de toutes dimensions, sans montage.	» »
Non assemblé.	119 50
Assemblé.	135 »

Bois neuf chêne sans montage.

	PRIX DU STÈRE.									PBIX
	3e QUALITÉ.			2e QUALITÉ. Pour poitraux de 0,33 × 50.			1re QUALITÉ. Pour poitraux de 0,50 et au-dessus.			d'esti-mation.
	non assemblé	assemblé	refait.	non assemblé	assemblé	refait.	non assemblé	assemblé	refait.	
	fr. c.	fr. c.	fr. c.	fr. c.	fr. c.	fr. c.	fr. c.	fr. c.	fr. c.	fr. c.
Pour linteaux ou autres sans assemblage, le stère.........	82 50	» »	» »	90 50	» »	» »	115 50	» »	» »	
Pour plancher..	» »	96 »	» »	» »	105 50	» »	» »	130 »	» »	
Escalier.	» »	» »	131 »	» »	» »	141 »	» »	» »	165 »	

	Prix d'estimation.
	fr. c.

Bois neuf, chêne de qualité, refait de toute
    grosseur, et moulures sans assemblage ;
    le stère. 170 »

Location

EN BOIS NEUF ORDINAIRE.

	fr.	c.
Barrières ou échafauds confondus. . . .	33	50
Cintres, compris poteaux et couchis. . .	32	»
Couchis.	17	»
Echafauds difficiles.	45	50
Etais, chaises, couches.	20	»
Chevalement..	23	»

D° EN VIEUX BOIS POUR FAÇON SANS TRANSPORT.

	fr.	c.
Barrières ou échafauds ordinaires. . . .	22	50
Cintres.	22	25
Dépose et repose de cintres sans coupe de bois.	9	50
Echafaud difficile.	35	»
Etais.	11	25
d° dépose et repose sans coupement de bois.	6	50
Chevalements.	14	25
Dépose et repose sans coupements de bois.	9	75

Journées

		Prix d'estimation.
		fr. c.
de charpentier . . .	en été	5 75
	en hiver	4 70
La nuit d'un compagnon est de		11 50
d'un fer de scie . .	en été	10 90
	en hiver	9 15

Sciage.

	Prix d'estimation.
	fr. c.
Plus-value de sciage sur le prix d'un stère, en chêne	5 50
en sapin	4 40
Id. sur vieux chêne ou sapin, 1/4 en plus.	

COUVERTURE

En Ardoises, en Tuiles et en Zinc.

ARDOISE NEUVE, GRANDE, CARRÉE. Le mètre superficiel.	Prix d'estimation.	
	fr.	c.
Ardoises neuves sur voliges neuves, à..	4	25
Clouées sur un enduit neuf en plâtre...	3	75
d° d° vieux d°.	2	75
d° sur moitié de volige neuve. ...	3	90
d° sur voliges vieilles entièrement reclouées. ..	3	55
d° d° demi-reclouées.	3	40
d° d° non reclouées.	3	20
ARDOISE NEUVE CARTELETTE.		
Sur voliges neuves.	5	30
Sur plâtres neufs.	4	85
Sur vieilles voliges reclouées.	4	55
d° non reclouées.	4	15
Ardoise neuve, grande, carrée, en recherche, avec clous et pose, la pièce. .	»	143

	Prix d'estima-tion.	
	fr.	c
Sans clous ni pose, pour fourniture seulement.	»	046
Avec clous ou plâtre, sans pose.	»	5
A façon, mais avec clous ou plâtre fourni.	»	097
Ardoise neuve cartelette, en recherche, avec clous et pose, la pièce.	»	128
Pour fourniture seulement.	»	033

ARDOISE REMANIÉE, GRANDE, CARRÉE.

Le mètre superficiel.

	fr.	c
Sur voliges neuves.	2	45
Clouées sur enduit neuf, en plâtre. . . .	2	»
d° sur moitié de voliges neuves. . .	2	15
d° sur voliges vieilles entièrement reclouées. . . .	1	80
d° d° moitié reclouées. .	1	60
d° d° non reclouées. . .	1	45

ARDOISE CARTELETTE REMANIÉE.

Le mètre superficiel.

	fr.	c
Sur volige neuve.	2	95
Sur plâtre neuf.	2	50

NOTA. Dans les prix des ouvrages remaniés, la découverture est comprise, sans pourtant descendre les matériaux à terre.

ARRÊTIERS.

Le mètre linéaire.

	Prix d'estimation.	
	fr.	c.
En ardoise neuve, compris les 2 tranchis en parements en plâtre dessous, et déchet.	1	25
En vieille ardoise non fournie.	»	80
En ardoise neuve non jointive, avec solin en plâtre et déchet compris.	1	»
En plomb, avec cueillie d'arête en plâtre, et non compris le plomb.	»	65
En tuile neuve, compris les 2 tranchis, avec solins dessus et parements dessous en plâtre.	1	65
En tuile remaniée.	1	»
Bandes en zinc le mètre linéaire pour bandeaux attiques, entablements, socles, etc., de 0,15.	1	90
d° de 0,15 à 0,25.	2	40
d° de 0,25 à 0,40.	3	60
Bandes de solin gaufrées et biseautées, et bandes d'égout, aussi biseautées, de 0,08 de largeur.	»	70
Bandes de solin, mais de 0,12 de largeur.	»	95
d° mais de 0,16 de largeur.	1	15

Batellements en Ardoises.

ARDOISE NEUVE, GRANDE, CARRÉE.

	fr.	c.
De 3 ardoises non scellées.	1	12
De 2 d° d°.	»	66
De 1 d° d°.	»	40

	Prix d'estimation.
	fr. c.

ARDOISE NEUVE, CARTELETTE.

De 3 ardoises neuves cartelettes.	1 22
De 2 d° d°.	» 83
De 1 d° d°.	» 41

ARDOISE VIEILLE, REMANIÉE, GRANDE, CARRÉE.

De 3 ardoises remaniées.	» 69
De 2 d° d°.	» 46
De 1 d° d°.	» 23

ARDOISE VIEILLE FOURNIE.

De 3 ardoises non scellées.	» 80
De 2 d° d°.	» 49
De 1 d° d°.	» 31

Batellements en Tuiles.

TUILE NEUVE, BOURGOGNE, GRAND MOULE.

De 3 tuiles neuves, non scellées, dont 1 tuile et 2 grandes pièces. . . .	1 45
d° de 2 tuiles non scellées, dont 1 tuile neuve et 1 grande pièce.	1 05
d° de 2 pièces de tuiles neuves non scellées.	» 86
d° de 1 pièce d° d°. . .	» 50
d° de 3 tuiles, dont 1 neuve et 2 vieilles.	» 90
Batellement de 2 tuiles, dont 1 neuve et 1 vieille.	» 75

	Prix d'estimation.	
	fr.	c.
Batellement de 3 tuiles remaniées, non scellées..	»	55
d° de 2 tuiles remaniées, non scellées, dont 1 tuile et 1 grande pièce.	»	40
d° de 2 pièces de tuiles remaniées, non scellées.	»	32
d° de 1 tuile remaniée, non scellée.	»	22
Batellement de 3 tuiles vieilles fournies, non scellées, dont 1 tuile et 2 grandes pièces.	1	25
d° de 2 tuiles vieilles fournies, dont 1 tuile et 1 grande pièce.	»	90
d° de 2 vieilles pièces fournies, non scellées.	»	70
d° de 1 vieille pièce fournie, d°.	»	40

Couverture en Zinc.

	Prix d'estimation.	
N° 12. Feuille de 2,00 × 0,80.	5	05
N° 13. d°.	5	65
N° 14. d°.	6	25
N° 15. d°.	7	05
N° 16. d°.	7	90
Coudes de tuyaux ou moignons ordinaires de 0,16 développé.	»	75
de 0,33 d°.	»	90
Coupe biaise sur zinc pour arrêtiers et none, le mètre linéaire.	»	50
Couvre-joints en zinc, n° 14, de 0,07 de développement ; le mètre linéaire. . .	»	70
d° de 0,09.	»	80

	Prix d'estimation.	
	fr.	c
Couvre-joints en zinc, n° 14, de 0,07 de développement, le mètre linéaire.. . . .	»	90
Clouages de bavettes et manchettes, avec clous à piston à façon et fourniture de clous.	1	50
Châssis (Grands), 2,30 à l'équerre, posé, la pièce..	1	45
d° plus petit ou à tabatière. . . .	»	80
Cintrage ou lattis en volige neuve à claire-voie, sans pente ni enduit ; le mètre superficiel.	»	75
d° mais jointive.	1	35
d° à façon, compris fourniture de clous..	»	50
d° en volige espacée de 0,01 et de 0,027 d'épaisseur..	2	55
d° d° de 0,018.. . .	2	10
d° d° de 0,013.. . .	1	80
Clous pour chevrons, le kilog.	1	20
à volige d°.	1	10
à latte d°.	1	30
à ardoise (fins) d°.	1	60
Coyan posé et ajusté, la pièce.	»	25
Crevasses de cheminées faites à l'extérieur des combles, le mètre linéaire.	»	40
Crochet en fer rond et à patte pour ardoise, y compris 2 clous pour l'attache.	1	65
Pour pose seulement.	»	50
Construction de cheneaux en plâtras et plâtre de 0.15 de largeur et au-dessous,		

	Prix d'estimation
	fr. c.
de 0.08 à 0.15 de hauteur, réduits, le mètre linéaire.	1 15
Construction de cheneaux en plâtras et plâtre de 0.15 à 0.25, réduite.	1 50

Découverture

COMPRIS DESCENTE DES MATÉRIAUX.

	de combles entiers.	de parties de combles.
	Prix réduits.	
	fr.	c.
ARDOISES.		
Voliges conservées, voliges arrachées. . . .	»	14
TUILES.		
Lattes conservées, lattes arrachées.	»	11

	fr. c.
Dévirure en ardoise neuve, compris le déchet de coupes.	» 70
d° d° vieille et fournie. .	» 55
Descente et transport de tuile, le mille. .	5 »
d° d° d'ardoise.	1 »
Dépose et descente de vieux plomb, avec rangement au magasin :	
le mètre superficiel. . . .	» 40
le kilogramme	» 15

Égoûts.

	Prix d'estimation.	
	fr.	c.
ARDOISE GRANDE, CARRÉE.		
De 3 ardoises grandes, carrées, neuves . .	1	45
De 2 id. id.	1	»
De 2 id. et 2 tuiles neuves	2	40
De 2 id. et 1 tuile neuve.	1	75
De 2 id. et 2 vieilles tuiles fournies.	2	25
De 2 id. et 1 id. id. . .	1	65
ARDOISE CARTELETTE.		
Égout de 3 ardoises neuves	1	60
d° de 2 d°.	1	10
d° de 2 d° neuves et 2 tuiles neuves.	2	60
d° de 2 d° neuves et 1 tuile d°. .	1	90
d° de 2 d° neuves et 2 vieilles tuiles fournies.	2	40
d° de 2 d° neuves et 1 tuile vieille fournie	1	80
ARDOISE REMANIÉE, GRANDE, CARRÉE.		
Égout de 3 ardoises remaniées	»	75
d° de 2 d° d°.	»	45
d° de 2 d° d° et 2 tuiles neuves.	1	95
d° de 2 d° d° et 1 d° d° . .	1	25
d° de 2 d° d° et 2 d° vieilles tuiles fournies . .	1	75
d° de 2 d° d° et 1 d° vieille tuile fournie. . .	1	20
ARDOISE VIEILLE, FOURNIE.		
Égout de 3 ardoises vieilles, fournies. .	1	11
d° de 2 d° d°.	»	77

	Prix d'estima-tion.	
	fr.	c.
Égout de 2 ardoises vieilles et 2 tuiles neuves	2	26
d° de 2 d° vieilles et 1 tuile neuve. .	1	57
d° de 2 d° vieilles et 2 tuiles vieilles fournies. .	2	08
d° de 2 d° vieilles et 1 tuile vieille fournie . .	1	47

TUILE NEUVE DE BOURGOGNE, GRAND MOULE.

Égout de 4 tuiles neuves et basculées en 2 saillies.	3	»
d° de 3 tuiles neuves entières en 2 saillies et basculées.	2	45
d° de 3 tuiles neuves, dont une grande pièce.	2	5
d° de 2 d°.	1	50
d° de 1 d°.	»	80
d° de 3 tuiles, dont 1 neuve et 2 vieilles.	1	40
d° de 2 tuiles, dont 1 neuve et 1 vieille.	1	15

TUILE VIEILLE REMANIÉE.

Égout de 4 tuiles remaniées, 2 saillies basculées.	1	50
d° de 3 tuiles d°, 2 saillies d°.	1	30
d° de 3 d° d°, 1 saillie.	1	05
d° de 2 d°.	»	75
d° de 1 d°.	»	45

TUILE VIEILLE FOURNIE.

Égout de 4 tuiles vieilles fournies, et 2 saillies basculées	2	65

	Prix d'estima-tion.
	fr. c.
Égout de 3 tuiles vieilles fournies, et 2 saillies basculées.	2 20
d° de 2 d° d°, 1 d°.	1 80
d° de 2 d°.	1 35
d° de 1 d°.	» 75
Embranchements en zinc de 0,16.	1 »
d° de 0,25.	1 25
d° de 0,33.	1 50
Équerres de gouttières de 0,16.	» 90
d° de 0,25.	1 10
d° de 0,33.	1 30

Faîtages.

En faîtières neuves de Bourgogne espacées de 0,05. .	2 55
d° d° à bourrelets.	2 70
En petites faîtières espacées de 0,05. . .	1 95
En vieilles faîtières remaniées avec crêtes et embarrures. . . . . :	1 10

Lattis en Sapin du Nord.

Le mètre superficiel.

En feuillet de 0,026 d'épaisseur espacé de 0,01.	2 65
d° de 0,018.	2 25
d° de 0,013.	1 95
d° de 0,011.	1 65

	Prix d'estimation.	
	fr.	c.
Glacis ou enduits en plâtre sur vieille volige non reclouée.	1	»
Gouttières en zinc ou tuyaux, compris crochets peints, 0,16 de développement.	2	10
0,25 d°.	2	55
0,33 d°.	3	5

LATTIS EN VOLIGES JOINTIVES.
(Le mètre superficiel.)

	fr.	c.
Neuves.	1	30
Vieilles remployées.	»	40
Lattes neuves en recherche.	»	09
Montage et pose de plomb neuf, le mètre superficiel et au-dessous.	1	40
d° le kilogramme.	»	5
d° au-dessus d'un mètre. . . .	1	10
d° le kilogramme.	»	4
Mitre en grès, pour fourniture, pose et scellement, compris démolition de l'ancienne.	3	»
d° non fournie.	1	55
Moignons entonnoirs pour gouttières de 0,16.	1	»
d° 0,25.	1	25
d° 0,33.	1	50
OEil-de-bœuf en terre cuite.	4	»
Ourlet en zinc, le mètre linéaire.	»	20

PENTE EN PLATRE.
(Le mètre superficiel.)

	fr.	c.
Sur voliges neuves jointives.	2	40

	Prix d'estimation.	
	fr.	c.
Sur voliges vieilles jointives reclouées entièrement.	1	50
d° pour cheneaux avec massif de 0,08 réduit. .	2	50
d° d° de 0,15 de haut.	3	50
Plâtre de couverture pour solin, ruellée, arrêtier, filet, etc., prix moyen, les parements et tranchis payés à part, le mètre linéaire.	»	40
Parement en plâtre cintré en voliges ou lattes neuves, d°.	»	22
Pose de châssis sans plâtre (entre 2 chevrons).	»	80
d° de crochet de service.	»	65
d° de noquet.	»	16
d° de coyaux.	»	20
Plâtre pour embarrures des 2 côtés..	»	60
d° d° d° et pour crêtes.	»	80
d° descellé et rescellé, compris plâtre pour embarrures.	»	95
Retour d'angle en zinc au droit des cheminées, murs, etc.	»	50

SOUDURE.

(Le mètre linéaire.)

Sur le zinc neuf.	»	60
Sur le zinc vieux.	»	75

Couverture en Tuiles.

Le mètre superficiel

TUILE NEUVE DE BOURGOGNE. GRAND MOULE SUR LATTIS NEUF.	A claire-voie.		EN plein.		Prix d'estimation.	
	fr.	c.	fr.	c.	fr.	c.
Tuiles neuves sur lattis neuf, cœur de chêne. . . .	3	55	4	50		
dᵒ lattis 1/2 neuf 1/2 vieux.	3	40	4	40		
dᵒ lattis vieux, recloué entièrement.	3	30	4	30		
dᵒ dᵒ dᵒ en partie.	3	20	4	20		
dᵒ dᵒ non recloué.	3	10	4	10		
dᵒ scellées partie en plâtre, partie en musique. .	4	»	4	70		

TUILE NEUVE Dᵒ, PETIT MOULE.

Sur lattis neuf, cœur de chêne.	4	95
dᵒ 1/2 neuf 1/2 vieux.	4	80
Lattis vieux, recloué entièrement.	4	60
dᵒ dᵒ à moitié.	4	45
dᵒ dᵒ non recloué. . . .	4	40
dᵒ scellés en plâtre et musique. .	5	10

TUILE VIEILLE REMANIÉE.

Tuiles remaniées sur lattis neuf, cœur de chêne.	1	15
dᵒ lattis 1/2 neuf 1/2 vieux recloué.	1	»

	Prix d'estimation.	
	fr.	c.
Tuiles sur vieux lattis recloué entièrement.	»	90
d° d° à moitié...	»	80
d° sur vieux lattis non recloué...	»	70
d° scellées en partie en plâtre et musique............	1	25

TUILE VIEILLE FOURNIE, GRAND MOULE.

	Prix d'estimation.	
Tuiles vieilles fournies sur lattis neuf, d°..	3	70
d° 1/2 lattis neuf 1/2 lattis vieux recloué;	3	55
d° sur vieux lattis recloué entièrement.	3	45
d° sur vieux lattis recloué à 1/2.	3	35
d° d° non recloué.	3	30
d° d° scellé partie en plâtre et musique.....	4	5

D° A CLAIRE-VOIE.

	Prix d'estimation.	
Tuiles vieilles fournies à claire-voie sur lattis neuf.....	2	90
d° 1/2 lattis neuf 1/2 lattis vieux recloué.	2	80
d° sur vieux lattis recloué entièrement.	2	65
d° d° à moitié...	2	55
d° d° non recloué.	2	50

	Prix d'estimation.	
	fr.	c.
Tuiles vieilles fournies sur vieux lattis scellés en plâtre et musique.	3	85

Tranchis.

EN ARDOISE GRANDE, CARRÉE, NEUVE.

Tranchis biais pour noue.	»	35
d° biais simple pour arrêtier. . . .	»	40
d° droit pour solins et devirures. .	»	25

EN ARDOISE CARTELETTE.

Tranchis biais pour noue.	»	37
d° biais simple pour arrêtier. . . .	»	42
d° droit pour solins et devirures. .	»	21

EN TUILE DE BOURGOGNE, GRAND MOULE.

Tranchis biais pour noue.	»	65
d° biais simple pour arrêtier. . . .	»	65
d° droit pour solins et ruellers. . .	»	30

EN VIEILLE TUILE FOURNIE.

Tranchis biais pour noue.	»	60
d° biais pour arrêtier.	»	60
d° droit pour solins et ruellers. .	»	25
Tuiles neuves, grand moule, en recherche.	»	16
d° vieilles, d°.	»	6
d° neuves, petit d° d°. . . .	»	12

	Prix d'estima-tion.	
	fr.	c.
Talons de gouttières en zinc de 0,16. . .	»	40
d° de 0,25. . .	»	50
d° de 0,35. . .	»	60
Talons de couvre-joints avec pattes. . . .	»	25
Tringle de bois relancée de clous et posée à bain de plâtre sur les entablements, recouverte en zinc pour clouer les bandes d'égout ; le mètre linéaire.	»	45

Tasseaux

EN SAPIN DU NORD

Au mètre linéaire.

	fr.	c.
Tasseaux de 0,027.	»	20
d° de 0,033.	»	25
d° de 0,040.	»	30
Vue de faitières neuves.	2	»
d° remaniées.	1	45
Voliges neuves en recherche.	»	38

PEINTURE, VITRERIE ET TENTURE.

Travaux préparatoires.

	Prix d'estimation.	
	fr.	c.
Bande de zinc en ferblanc fournie et clouée au droit des portes de 0.025 à 0.04 de largeur, compris 2 bandes de papier gris collées dessus, le mètre linéaire.	»	35
Bandes de calicot affleurées froncées, le mètre.	»	20
Échandage, { 1 couche.	»	5
2 couches	»	9
3 couches	»	13
Égrenage sur murs et plafonds.	»	3
Encollage et ponçage sur fonds unis, bien faits.	»	23
Encollage sur murs ou parties unies. . . . { 1 couche . . .	»	10
2 couches. . .	»	18
Enduit en mastic à l'huile, ordinaire.	»	45
très soigné	1	»
Époussetage.	»	2

		Prix d'estimation.	
		fr.	c.
Grattage	Et brûlage à l'essence de vieilles peintures, avec lessivage . .	»	53
	A vif et brûlage au réchaud. .	»	85
	De murs, plafonds ou de bois unis.	»	10
	Et lavage de carreaux neufs.	»	8
	vieux.	»	6
	Sur papier de tenture.	»	10
Lavage simple de boiseries et murs. . . .		›	10
Lessivage à l'eau seconde,	pure	»	12
	coupée	»	8
Papiers fournis et collés sur murs, la main.		»	57
d° sur plafond.		›	65
d° bleue dans les armoires.		»	76
d° collés seulement.		»	35
Papier métallique fixé par 3 couches de peinture au tampon avec travaux préparatoires, le mètre superficiel.		3	»
Percaline ou calicot fourni, tendu, cloué et maroufflé à l'encollage, puis recouvert c'une couche d'encollage		1	30
Ponçage, admis seulement pour travaux soignés.		›	10
d° à l'eau, à l'instar des panneaux de voiture		»	60
Rebouchage.	Colle	»	8
	Huile.	»	12
	Blanc de céruse	»	15

	Prix d'estima-tion.	
	fr.	c.
Toile neuve, compris maroufflage..	»	65
d° vieille détendue et retendue	»	25
Vieux papiers déchirés et grattés.	»	6

OUVRAGES A LA COLLE.

Badigeon à la chaux et à l'alun, compris léger grattage :

Sur vieux murs. { 1 couche.	»	8
2 couches	»	12
Sur murs seulement crépis, à 2 couches. .	»	15
Badigeon à la colle, 2 c.	»	17
d° très soigné.	»	20
Blanc de plafond :		
1 couche..	»	10
2 couches.	»	15
3 couches.	»	20
Blanc mat, travaux soignés :		
1 couche	»	14
2 couches.	»	23
3 couches.	»	32

NOTA. Les travaux avec emploi de couleurs fines, comme lilas, paille, bleue, chamois, rose, jaune clair, jaune jonquille et vert de composition, seront payés le même prix que le blanc mat ci-dessus.

Coupe de pierre, détrempe, 2 couches, 3 filets d'appareil avec frottis	»	90
De même à 3 couches.	1	»

	Prix d'estimation.	
	fr.	c.
Détrempe, travaux ordinaires :		
1 couche	»	11
2 couches.	»	17
3 couches.	»	23
Granit porphyre à la colle, 2 c., 2 jetées.	»	44
Chaque jetée en plus ou en moins. . . .	»	10

PARQUETS ET CARREAUX MIS EN COULEUR.

Siccatif brillant, 2 couches.	»	70
Teinté ou non.	»	17
1 couche de colle.	»	25
2 couches de colle	»	31
1 couche d'huile	»	42
2 couches d'huile.	»	62
1 couche de colle et 1 couche d'huile . .	»	50
1 couche de colle et 2 couches d'huile. .	»	70
2 couches de colle et 1 couche d'huile. .	»	56
2 couches de colle et 2 couches d'huile. .	»	76

OUVRAGES A L'HUILE AU MÈTRE SUPERFICIEL.

Blanc mat à l'huile au blanc d'argent, à 1 couche sur 3 couches de céruse. .	1	80
Brun Van Dick, sur 2 couches, le mètre. .	»	85
d° sur 3 couches	1	20
Goudron à 2 couches, le mètre superficiel.	»	70

	Prix d'estimation.	
	fr.	c.
Goudron à 1 couche.	»	33
Huile, travaux ordinaires :		
2 couches , ...	»	61
3 couches	»	83
1 couche.	»	39
d° travaux très soignés, 2 couches. .	»	72
d° commandés exprès, 3 couches. .	»	99
d° d° 4 couches. .	1	21

NOTA. Le blanc de zinc employé dans ces divers travaux ne motivera aucune plus-value.

	fr.	c.
Huile bouillante à 1 couche pour impression	»	40
Minium, plus-value sur les peintures ordinaires à l'huile, par couche.	»	6
d° à 2 couches.	»	70
Noir au vernis, à 1 couche.	»	44
d° d'ivoire à 2 couches à l'huile.	»	76
Peinture au vernis, 1/2 en plus de toutes les peintures à l'huile.		
Plus-value d'emploi de couleur fine, par couche de 0.5, à	»	15
Plus-value pour chaque rechampissage. .	»	8

OUVRAGES DE DÉCORS SUR FOND D'HUILE.

	fr.	c.
Briques sur fond d'huile, 3 couches avec frottis.	2	48

	Prix d'estimation.	
	fr.	c.
Coupe de pierres avec frottis, fond d'huile, 3 couches à 1 filet.	1	27
2 filets	1	37
3 filets	1	47
Coutel de Bruxelles, à l'huile, 3 couches, les filets de 1 à 0.5 de largeur.	3	»
Décors sur fond d'huile, 3 couches et vernis gras, compris ponçage ; bois divers ou racines et marbre, d'un ou 2 tons, ordinaire ou au procédé.	2	55
Bronze antique ou cuivré à effet. . . .	2	25
Granit caillouté et marbré, blanc, veiné.	2	25
d° ordinaire, pour chaque jetée. . . .	»	7
d° chiqueté, pour chaque ton	»	25

Vernis.

	fr.	c.
Troisième qualité dit gros Guillot.	»	28
Ordinaire. ton clair	»	33
ton sombre	»	28
Ordinaire. décors. 1 couche	»	39
2 couches. . . .	»	77
tableaux. 1 couche	»	50
2 couches. . . .	»	99

OUVRAGES AU MÈTRE LINÉAIRE.

	fr.	c.
Baguettes d'angles peintes à l'huile, 2 couches.	»	12
Blanc d'argent, 2 couches et 1 d'impression	»	20

	Prix d'estimation.
	fr. c.
Bandeaux et plinthes en marbre et vernis jusqu'à 0.13 de largeur, sur 3 couches d'huile	» 40
Unis à l'huile, 1 couche.	» 8
d° 2 couches	» 13
Les mêmes, de plus vernis.	» 17
En granit, sur 2 couches d'huile	» 25
d° 3 couches	» 30
Barreaux, jusqu'à 0.15 développés, compris grattage et lessivage nécessaires en gris à l'huile, 2 couches	» 10
d° 3 couches	» 14
Noir en vernis, compris couches de fond.	» 14
d° minium, 0.01 en plus par couche bronzé à l'effet, 2 couches. . .	» 30
d° vernis seulement, 1 couche. . .	» 14
d° en outre-mer.	» 40
d° chocolat amarante à l'huile,	
d° d° 1 couche. . . .	» 8
d° d° 2 couches. . . .	» 12
Ferrures jusqu'à 0.15, développés, idem que barreaux.	
d° filets étrusques larges.	» 20
d° d° d° petits.	» 15
d° d° au crayon.	» 3
d° d° sur papier marbré à l'essence.	» 5
d° d° simple, à la colle.	» 8
d° d° d° à l'huile.	» 9
d° d° repiqués à la colle.	» 15
d° d° d° à l'huile.	» 16

	Prix d'estimation.	
	fr.	c.
Main-courante passée au papier de verre, encaustiquée et frottée, le mètre courant	»	30

OUVRAGES A LA PIÈCE ET DIVERS.

	fr.	c.
Balcon ordinaire en bronze verni.	1	75
Barre d'appui à double palmette et cul-de-lampe en bronze verni.	1	»
Collage de papier ordinaire carré.	»	45
uni ou satiné. . .	»	50
grand-raisin . . .	2	55
Marbré, collé par assises.	»	55
grand-raisin . . .	»	60
velouté ou doré. .	»	75
Plus-value par chaque rouleau, pour les collages ci-dessus faits sur les plafonds.	»	15
Contre-cœur de cheminée à la colle . . .	»	25
à l'huile. . . .	»	60
Devant de cheminée ordinaire, y compris fournitures de toile, collage du sujet, et ensuite verni à 1 couche, la pièce.	2	»
Ferrures, compris grattage et lessivage à la pièce, 1 couche . . .	»	2
d° en gris à l'huile, 2 couches. . .	»	4
d° d° 3 couches. . .	»	5
d° en noir, au vernis, sur couches de fond.	»	5
d° bleu d'acier, 3 couches.	»	7

	Prix d'estimation.	
	fr.	c.
Bronzes à effet, 3 couches et frottis. . . .	»	10
Grecques ou guillochés simples, peints en amarante de 0,15 de pleine sur 0,08 à 0,10 de haut.	»	90

JOURNÉE

	Prix d'estimation.	
	fr.	c.
De peintre.	4	50
De colleur.	4	75
Lettres à 1 couche, noires, jaunes, etc., plates jusqu'à 0,07 de hauteur, la pièce, prix moyen.	»	5
d° de 0,08 à 0,15..	»	8
d° de 0,016 à 0,25, 0,01 1/2 en plus des précédentes par chaque centimètre en sus de 0,15..	»	»

NOTA. Les lettres à deux couches moitié en plus des lettres précédentes.

Lettres de toutes couleurs, anglaises, renaissance, gothiques, à l'huile, deux couches, avec ombres au-dessus, de 0,15 le centimètre..	»	2
Les mêmes, soit en bronze, soit en imitation de creux de pierre, mais de plus repiquées, le centimètre.	»	3
Les relevées d'épaisseur ou imitation de saillies en pierre.	»	35

NOTA. Les grandes lettres dites monstre, un tiers en plus des prix ci-dessus.

	Prix d'estimation.	
	fr.	c.
Lettres en or de 0,027 à 0,15 le centimètre. .	»	6
d° de 0,16 à 0,31 d°. . .	»	7
d° de 0,32 à 0,48 d°. . .	»	10

NOTA. Les mêmes, ombrées, un tiers seulement en plus des prix ci-dessus.

	fr.	c.
Moulures ordinaires de glaces ou autres de 0,05 à 0,09, réchampies en blanc d'argent à 2 couches, le mètre.	»	30
Nettoyage de chambranle de cheminée. .	»	25
Nuit de compagnon de 8 heures.	7	10
Les ouvrages étant métrés, il est alloué par compagnon, après attachement des nuits pour chaque	3	»
Papier de tenture encollé à la colle de parchemin, 2 couches, et verni à une couche; le mètre superficiel.	»	50
Papier déjà verni, lessivé seulement. . .	»	10
Pointe de diamant feinte jusqu'à 1 mètre à l'équerre, la pièce.	1	25
Rosace de lustre de 0,65 environ de diamètre, réchampie en blanc d'argent. .	1	50
La même, à 3 couches, dont une de céruse pur.	2	5
Rosace petite de corniche de 0,08 de diamètre.	»	10
Table saillante ou renfoncée feinte sur porte à ventail, petite.	3	15
grande.	»	25

Vitrerie

EN TRAVAUX NEUFS.

	Prix d'estimation.	
	fr.	c

Verre 1/2 blanc 1er et 2e choix, et verre blanc 3e choix. . . .

1re Classe.

Croisée.	3	90
Châssis.	4	35
Lanterne.	4	80

2e Classe.

Croisée.	5	60
Châssis.	6	5
Lanterne.	7	15

Nota. Le verre demi-blanc sera payé en 3e choix 0,50 de moins par mètre que les prix ci-dessus.

Verre blanc ordinaire, 2e choix, de Pré-montré, Bagneux, etc.

1re Classe.

Croisée.	4	45
Châssis.	5	»
Lanterne	6	35

2e Classe.

Croisée.	6	75
Châssis.	7	20
Lanterne.	8	30

Verre cannelé.

1re Classe.	8	»
2e Classe.	12	»
d° Verre à dessin	18	50

	Prix d'estimation.	
	fr.	c.
VERRÉ PRÉMONTRÉ.		
Poussé au lagre.		
Pour croisée.	6	65
châssis.	7	»
lanterne	8	60
VERRE DOUBLE.		
1ᵉʳ choix poussé au lagre.		
1ʳᵉ Classe.		
Croisée.	12	85
Châssis	13	40
Lanterne	14	75
1ᵉʳ choix non poussé au lagre.		
1ʳᵉ Classe.		
Croisée	11	75
Châssis	12	20
Lanterne	12	65
2ᵉ Classe.		
Croisée	14	55
Châssis	15	»
Lanterne	15	45
2ᵉ choix.		
1ʳᵉ Classe.		
Croisée	8	05
Châssis	8	60
Lanterne	9	85

2ᵉ *Classe.*

	Prix d'estimation.	
	fr.	c.
Croisée	12	75
Châssis	13	20
Lanterne	14	30
Le mètre linéaire de rive de joints vifs	»	70
Dépolissage, le mètre superficiel	3	»
Chaque lien de plomb	»	4
Journée de vitrier	4	30
Martiquage, le mètre linéaire de croisée	»	6
de châssis de toit	»	14
Nettoyage de carreaux des deux faces, le mètre superficiel	»	14
dᵒ jusqu'à 1,00 à l'équerre, chacun	»	3
dᵒ de 1,01 à 1,40	»	5
dᵒ au-dessus de 1,40 en surface	»	»
dᵒ de glaces, le mètre superficiel	»	20
Dépose et repose de vasistas	»	50
Dépose d'une pièce de verre	»	30
Repose dᵒ	»	60
Dépose de carreau	»	10
Repose dᵒ	»	15
Mastic fourni ou employé, le kilogramme	»	80
Panneaux en plomb et verre, le mètre superficiel	19	50

LE NOUVEAU
TARIF DE POCHE
DU BATIMENT

PAR MM. E. BOISSAY ET C. VERHAEGHE,

ARCHITECTES.

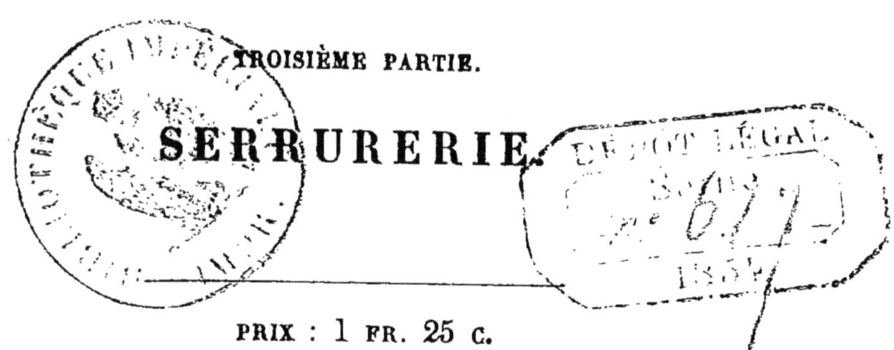

TROISIÈME PARTIE.

SERRURERIE.

PRIX : 1 FR. 25 c.

PARIS.

Publié par **A. GRIM**, Editeur,

BOULEVART SAINT-MARTIN, 19.

1854

MENUISERIE.

Travaux à façon.

Le mètre linéaire.

		SAPIN.		CHÊNE.	
		fr.	c.	fr.	c.
Alaises	reposées, recollées	»	25	»	25
	façon.entièrem\[t\]	»	45	»	55
Bandeaux, champs, plinthes, coulisses, entretoises, portes, tapisseries , etc.	retaille et pose.	»	20	»	22
	façon entière .	»	30	»	40
Bâtis et huisseries.	posés.	»	25	»	30
	retaillés, posés.	»	45	»	50
	façonnés entièrement. . . .	»	65	»	85
Chambranles et pilastres ravalés de moulures.	posés.	»	25	»	30
	retaillés, posés.	»	45	»	50
	façon entière .	»	85	»	20
Corniches volantes.	posées	»	40	»	40
	façonnées entièrement. . .	»	55	»	65
Emboîtures de 0,027\[m\]05\[c\] à 08\[c\] de largeur.	façonnées entièrement. . .	»	60	»	75
Dépose.	assemblée. . .	»	10	»	10
	non assemblée.	»	05	»	05
	à l'échelle. . .	»	12	»	12

NOTA. Dans ces prix sont compris les coupes d'onglet.

Jeux.

	UN ventail.	DEUX ventaux.
Porte d'armoire.	» 20	» 30
d° ordinaire.	» 25	» 40
Croisée ou persienne	» 30	» 50

NOTA. Les prix comprennent le démontage et le montage.

Travaux

AU MÈTRE SUPERFICIEL.

	PRIX.	
	fr.	c.
Dépose de menuiserie.	»	16
Coupe et pose.	»	65
Equarrissage et pose.	»	80
Equarrissage et rainée et feuillée.	1	»
Dressée et rainée en petites parties. . . .	1	25
Plus-value de corroyage, un parement. .	»	45
Cloison à claire-voie débitée dans du vieux bois et posée		
Sapin.	»	40
Chêne	»	50
Dépose avec soin de vieux parquets. . . .	»	25
Jalousies déposées.	»	20
d° reposées.	»	50
d° les lames, déposées, lavées et reposées, seulement compris pose de vieilles chaînes et cordes.	1	10
d° fourniture de cordes neuves seulement	»	40
d° fourniture à 3 chaînes par mètre et cordes neuves.	3	»

<table>
<tr><td colspan="2">, PARQUETS
de 0^m027^c à 0^m034^c d'épaisseur.</td><td>PRIX.
fr. c.</td></tr>
</table>

		fr.	c.
A l'anglaise	posés.	1	40
	retaillés et rainés, posés. . .	1	75
	à façon entière.	2	30
En point de Hongrie	posés.	1	80
	retaillés, rainés.	2	40
	rainés et façonnés, id. . . .	2	95
En feuille	posés.	1	25
	à façon entière	3	10

Retaille d'assemblages.

	Hauteur.		Largeur.		Hauteur et largeur.	
	fr.	c.	fr.	c.	fr.	c.
Châssis.	1	45	1	89	2	»
Croisées	1	55	1	90	2	05
Persiennes	1	75	2	30	2	55

PORTES ET VOLETS.

	Hauteur.		Largeur.		Hauteur et largeur.	
Sapin	1	20			1	40
Chêne	1	40			1	40

PORTES ET LAMBRIS.

	Hauteur.		Largeur.		Hauteur et largeur.	
A glace.	1	55	1	85	2	»
Arrasé.	1	65	1	95	2	10
A petits cadres	2	»	2	25	2	40
A grands cadres.	2	50	2	70	2	85

Plus-value.

<table>
<tr><td></td><td colspan="2">Prix.</td></tr>
<tr><td></td><td>fr.</td><td>c.</td></tr>
</table>

Façon entière et pose de lambris et autres, avec du vieux bois, 0,027 × 0,041, à 1 parement brut derrièrre.

	fr.	c.
L'assemblage sans moulures.	3	50
Simple à petits cadres.	3	»
Riche d°	4	40
0,055 × 08 de profil. . . .	6	50
A grands cadres en dessus.	7	»
Pour le 2ᵉ parement il sera ajouté :		
Pour corroyage		1/5
d° arrasé.		1/4
Le double parement..		1/3
Poli à l'encaustique sur partie unie, le mètre superficiel	»	60
d° avec moulures en plus du prix.		
A petits cadres	»	15
A grands cadres.	»	30

BOIS FOURNI.

Travaux divers

Arrondissement d'angles de tablettes.	fr.	c.
Sapin.	»	40
Chêne	»	55
Le mètre linéaire	»	60

	PRIX.	
	fr.	c.
Assemblages flottés à l'atelier, de 0,08 à 0,11 et 0,054.		
Sapin.	»	40
Chêne	»	55
Sur le tas.		
Sapin.	»	60
Chêne.	»	80
A tenon à l'atelier, de 0,08 à 0,11 et 0,054.		
Sapin.	»	13
Chêne. . . . . ,	»	22
Sur le tas.		
Sapin.	»	20
Chêne	ȷ	35

Nota. Il ne sera alloué par mètre linéaire qu'un assemblage à tenons.

Astragale de 0,22 de long en chêne avec retour compris coupe d'onglet. .	»	70
dᵒ sapin de 0,010 de diamètre arrondies, embrevées, le mèt. linéaire.	»	55
Les mêmes 0,020 sur 0,05 de profil. . . .	1	»
dᵒ sapin de 0,005 sur 0,013 mill. de profil, embrevées, clouées. . . .	»	65
Balustre tourné en chêne de 0,035 mill. de diamètre avec baguettes au milieu, chapiteau et embase de 0,87 de hauteur, la pièce	1	»
Banc tête en sapin de 0,034 mill. sur 0,22 de largeur et 2,60 de long avec		

	Prix.	
	fr.	c.
6 pieds en chêne 0,027, 0,05 et 0,65 de haut, garnis de 3 traverses, la pièce	8	25
Boîtes à 4 faces en planche entière de sapin du Nord, refendu à 0,027 d'épaisseur, embreuve 1 parement dressé pour conduite d'eau, le mètre superficiel. . . .	7	50
Boutons tournés en chêne de 0,034 mill. de diamètre pour châssis ou autres, la pièce.	»	12
Bûchement de 0,037 d'épaisseur, le mètre linéaire	»	90
d° sur feuillures faites.	»	20
Calibre en hêtre, 0,24 de profil.	1	20
Ou le centimètre de profil.	»	05
Clefs en chêne incrustées, chevillées dans des parties sapin.	»	30
d° chêne	»	40
Clous d'épingle ordinaire de 0,34 à 0,11 le kilogramme . . .	1	»
d° fin.	1	55
Colle forte, le kilo	1	75
Chantournements pour rampants	»	25
d° de 0,23 pour stilobates. .	»	40
d° biaise, le mètre linéaire. .	»	15
Coupement, le mètre, à la scie à main . .	»	15
d° d° au ciseau	»	30
A la pièce, pour poteaux	»	06
d° solive	»	20
d° chevêtre.	»	30
Pannes, enchevêtrures, etc.	»	40

	prix du mètre.	
	fr.	c.
Coins ronds pour chassis de devanture ou croisées chêne de 0,034 sur 0,15 cairé, rainé, collé, la pièce vaut.	1	»
do de 0,54, de 0,15 à 0,20, la pièce.	1	50
Colonnes chêne tournées dans la masse de 0,8 de diamètre.	4	75
0,6 do	3	75
Chapiteaux en chêne pour pilastres de 0,8 de large en 3 parties contre-profilées des 2 bouts incrustés, collés en chêne de 0,027 et 0,034 de profil avec astragale, la pièce vaut.	1	»
do en une seule partie mais cloué. .	»	40
do chêne 0,027 carré et 0,6 de long.	»	20
Consoles chêne de 0,041 sur 0,08 de large découpée à jour, chantomnée de 0,70 de haut, la pièce. . .	3	»
do de 0,055×0,11 de saillie et 0,23 de haut avec tailloir et double denticule oblique et astragale élégie dans la masse	2	35
do en chêne massif de 0,11×0,16 et 0,40 de haut débilbardée, chantomnée et sculptée . . .	7	35
do chêne de 0,034×0,21 et 0,55 de long chantomnée, la pièce . .	3	12
Denticules rapportés en ch. 0,027×0,04.	»	10
do en sapin do	»	10
Entailles à la pièce, faites dans les bois de		

	prix	
	fr.	c.
0,13 à 0,047 d'épaisseur et 80 carré	»	10
Entaille double de 0,52 de large pour tablette.	»	20
d° au mètre linéaire à la scie	»	15
d° d° au ciseau. . . .	»	30
Feuillure, moulure, rainure ou arrondissement fait d'un seul coup d'outil :	»	05
le mètre lin. { sapin	»	07
{ chêne	»	12
NOTA. Celles faites sur le tas valent le double.		
Gougeons rapportés, la pièce.	»	10
Goussets d'assemblages ordinair. de 0,027, de 19 à 0,27 en sapin	»	40
d° en chêne	»	50
d° de 0,034 de 0,32 à 0,40 en chêne.	»	40
d° d° en sapin .	»	60
Gueule-de-loup, le mètre linéaire de 0,054 × 0,10	3	»
d° de 0,08 × 0,10	3	50
Hachement sur le tas jusqu'à 0,05 compris corroyage	»	20
d° 0,08.	»	30
d° 0,16.	»	45
Jets d'eaux en chêne 0,8 × 0,8.	3	»
d° d° 0,8 × 11	3	65
Joints assemblés à queue de 0,22 de long vaut	»	75

	prix.	
	fr.	c.
Jalousies, fournies entièrement, comptant 0ᵐ30 par tête de pavillon. .	7	»
dº de plus, peintes à l'huile.	9	

PERSIENNES.

	prix.	
Lames en réparation, le mètre linéaire.		
dº pour ordinaire de 05ᶜ à 06ᶜ de largeur.		
en sapin	»	55
en chêne.	»	70
dº pour tanneur, de 0,020×0,11 arrondis sur les rives et 2 parments dressés.	»	50

JALOUSIES.

	prix.	
dº jusqu'à 1,30 de long.		
en sapin	»	60
en chêne.	»	80
Jours percés carrés, sapin	»	60
dº chêne.	»	60
dº dº ovale	»	75
Listels, en chêne, de 0,007 sur 0,020 coupés d'onglets, le mètre linéaire. . .	»	40
Marouflage, en fil nerf de bœuf à la colle forte, le mètre superficiel.	»	75
Mortaise, faite sur le tas, de 08×08 carré.		
dº en chêne.	»	40
dº en sapin.	»	20

	Prix.	
	fr.	c.
Panneau de parquet en chêne, posé et scellé	»	50
Parclose chêne, 0,013×0,027, et 0,16 de long coupé d'onglet . . .	»	20
d° de 0,027 carrés×0,16 de long.	»	30
Pavillon de jalousie sapin de 0,013 d'épaisseur sur 0,16 de largeur à 4 parements et chantonnée en lambrequin uni, le mètre linéaire	2	25
Petits bois de croisées en chêne de 0,034 carrés, le mètre linéaire. . .	1	»
d° 0,041 d°	1	15
Pose d'un petit bois revêtu de cuivre, avec entailles aux deux extrémités.	»	30
d° mais fourni de 0,013 . . .	3	50
Pièce d'appui en chêne, le mètre linéaire, 0,08×0,08.	2	60
d° 0,08×0,11.	3	10
d° 0,08×0,14.	3	80
d° 0,08×0,15.	4	»
d° 0,11×0,11.	4	85
Pièce à queue de 0,027 à 0,054 carrés. .	1	»
Pièces rapportées au droit d'une ancienne serrure en chêne. 0,027 sur 0,16 carrés.	»	45
Planche à bouteilles, pour fourniture transport et pose. . .		
d° Le cent de trous.	7	»
Poulie de jalousie avec aîle en fer	»	20

	prix.
	fr. c.
Potences d'assemblages en bois, la pièce :	
de 0,027 { sapin	» 50
{ chêne	» 65
de 0,034 } sapin	» 60
} chêne	» 85
de 0,041 { sapin	» 70
{ chêne	» 95
de 0,054 { sapin	» 75
{ chêne	1 30
Raclage de parquets non déposés.	» 25
Replanissage de parquets neufs affleurés replanis, le mètre superficiel	» 50
dᵒ de vieux	» 70
dᵒ dᵒ compris le masti-cage	» 90
dᵒ de marche vieille, la pièce. .	» 50
Roulette en gaïac avec boîte en cuivre et armature en fer.	3 »
Roulon de ratelier d'écurie, de 0,04 de diamètre, de 0,75 de long.	» 70
Sabots cintrés pour plinthes, la pièce. . .	
dᵒ sapin	» 40
dᵒ chêne.	» 55
Socles en sapin de 0,021 sur 0,054 de haut sur 0,11 de large	» 20
dᵒ mais en chêne profilé de moulures	» 25
dᵒ pour pilastre	» 50
Tablette d'encoignure, compris tasseaux, de 0,15 à 0,20 de rayon. . . .	» 45

	prix.	
	fr.	c.
Tablette d'encoigure en sapin	»	45
d° d° en chêne.	»	60
Taquet d'illumination, la pièce.	»	15
Tablette d° d°	»	20
Tasseaux vieux, coupés de mesure, posés, le mètre linéaire	»	12
d° à façon et pose	»	18
d° neuf, soit en chêne ou sapin, de 0,027 × 0,027	»	30
Tournage d'un pied à bureau, vaut en chêne . . .	»	75
en hêtre. .	»	65
Traits de Jupiter de 0,16, faits sur le tas dans du bois de 0,034.	»	60
Tampon de siége en chêne, de 0,33 de diamètre, feuille	»	75
Trous ordinaires et tamponnés, la pièce.	»	06

Travaux en linéaire.

ALAISES.		PRIX DU MÈTRE.			
		sapin.		chêne.	
		fr.	c.	fr.	c.
0,013	0,04	»	37	»	55
	0,05	»	40	»	60
	0,06	»	43	»	65
	0,07	»	46	»	70
	0,08	»	49	»	75
	0,09	»	52	»	80
	0,11	»	59	»	89
	0,14	»	70	1	05
0,027	0,04	»	39	»	60
	0,05	»	42	»	65
	0,06	»	45	»	70
	0,07	»	48	»	75
	0,08	»	51	»	80
	0,09	»	54	»	85
	0,11	»	61	»	95
	0,14	»	72	1	15
0,034	0,05	»	49	»	75
	0,06	»	53	»	84
	0,07	»	57	»	92
	0,08	»	61	1	»
	0,09	»	65	1	08
	0,11	»	73	1	24
	0,14	»	85	1	49
	0,16	»	95	1	65

		PRIX DU MÈTRE.	
		sapin.	chêne.
		fr. c.	fr. c.
0,041	0,05	» 55	» 87
	0,06	» 60	» 96
	0,07	» 65	1 04
	0,08	» 70	1 13
	0,09	» 75	1 21
	0,11	» 85	1 38
	0,14	1 »	1 64
	0,16	1 10	1 82

BAGUETTES D'ANGLE.

	sapin.	chêne.
De 0,013 de diamètre	» 28	» 37
De 0,02.	» 33	» 45
De 0,027	» 38	» 53
De 0,027 demi-ronde		
De 0,013	» 24	» 32
De 0.02	» 28	» 37
De 0,027	» 32	» 42

BARRES D'APPUI.

	Acajou.		noyer.	chêne.
	Sénégal.	St Doming.		
	fr. c.	fr. c.	fr. c.	fr. c.
A gorge : 0,41×06. .	3 15	4 60	1 90	1 60
A olive : 0,050×0,034.	2 30	3 85	1 60	1 40

Bandeaux, Champs, Plinthes, Barres en bois unies et corroyées.

ÉPAISSEUR.	EN SAPIN.				EN CHÊNE.			
	LARGEUR.			Chaque centimètre en plus ou en moins	LARGEUR.			Chaque centimètre en plus ou en moins
	0.05	0.10	0.15		0.05	0.10	0.15	
	f. c.	f. c.	f. c.		f. c.	f. c.	f. c.	
À 3 parements.								
0.013	» 35	» 49	» 63	0.028	» 50	» 69	» 83	0.047
0.027	» 37	» 51	» 66	0.029	» 50	» 77	1 04	0.053
0.034	» 43	» 58	» 78	0.039	» 75	1 11	1 50	0.077
0 041	» 50	» 77	» 97	0.050	» 80	1 22	1 64	0.084
0.054	» 65	1 04	1 43	0.077	1 12	1 72	2 32	0.121
0.08.	» 83	1 23	1 63	0.080	1 21	1 96	2 71	0.149
0.11	1 19	1 81	2 43	0.124	2 24	3 44	4 66	0.239
À 4 parements.								
0.013	» 37	» 51	» 66	0.029	» 48	» 72	« 9 .	0.048
0.027	» 38	» 53	» 68	0.030	» 54	» 81	1 08	0.054
0.034	» 45	» 65	» 85	0.040	» 76	1 05	1 54	0.078
0.041	» 53	» 79	1 05	0.050	» 83	1 26	1 69	0.085
0.054	» 73	1 12	1 50	0.078	1 14	1 76	2 38	0.123
0 08.	» 86	1 28	1 70	0.083	1 30	2 02	2 74	0.143
0.11.	1 21	1 84	2 47	0.126	2 28	3 49	4 70	0.242

Bâtis de tenture.

		PRIX DU MÈTRE.	
		sapin.	chêne.
		fr. c.	fr. c.
0,013	0,06	» 42	» 65
	0,08	» 47	» 74
	0,09	» 50	» 78
	0,11	» 55	» 88
0,027	0,06	» 45	» 70
	0,08	» 50	» 80
	0,09	» 52	» 84
	0,11	» 58	» 94
0,034	0,07	» 56	» 90
	0,08	» 60	» 98
	0,09	» 65	1 05
	0,11	» 72	1 20
	0,14	» 85	1 45

Battant de lambris à petits cadres.

ÉPAISSEUR.	EN SAPIN.				EN CHÊNE.			
	LARGEUR.			Chaque centimètre en plus ou en moins	LARGEUR.			Chaque centimètre en plus ou en moins
	0.05	0.10	0.15		0.05	1.10	0.15	
	fr. c.	fr. c.	fr. c.		fr. c.	fr. c.	fr. c.	
0.027	» 62	» 84	1 06	0.044	» 89	1 29	1 69	0.079
0.034	» 71	1 01	1 31	0.059	1 18	1 74	2 30	0.112
0.041	» 82	1 19	1 56	0.074	1 28	1 89	1 50	0.122
0.054	1 11	1 69	2 27	0.115	1 71	2 58	3 45	0.174

Barres et emboîtures chêne embreuvées à queue en bois, des épaisseurs de

ÉPAISSEUR.	EN SAPIN.				EN CHÊNE.			
0.027	»	»	»	»	» 89	1 26	»	0.074
0.034	»	»	»	»	1 15	1 69	»	0.108
0 041	»	»	»	»	1 25	1 85	»	0.112
0.054	»	»	»	»	1 64	2 49	»	0.169
0.080	»	»	»	»	1 79	2 84	»	0.210

Bâtis bruts assemblés à tenons et mortaises.

ÉPAISSEUR.	EN SAPIN.				EN CHÊNE.			
0.027	» 37	» 50	» 67	0.026	» 62	» 89	1 16	0.054
0.034	» 40	» 60	» 80	0.040	» 75	1 11	1 47	0.071
0.041	» 47	» 71	» 95	0.047	» 80	1 21	1 62	0.081
0.054	» 57	» 90	1 23	0.065	1 »	1 56	2 12	0.112
0.08	» 67	1 08	1 49	0.081	1 08	1 74	2 40	0.132
0.11	» 92	1 58	2 24	0.132	1 96	3 08	4 20	0.223

Barres, chevrons, fourrures, soliveaux, alaises.

ÉPAISSEUR.	EN SAPIN.				EN CHÊNE.			
0.027	» 20	» 31	» 42	0.022	» 33	» 55	» 77	0.044
0.034	» 26	» 39	» 52	0.025	» 52	» 82	1 16	0.064
0.041	» 31	» 50	» 69	0.038	» 58	» 95	1 32	0.074
0.054	» 45	» 74	1 05	0.058	» 82	1 31	1 80	0.097
0.08	» 55	» 92	1 29	0.073	» 89	1 45	2 01	0.111
0.11	» 82	1 37	1 92	0.11	1 78	2 76	3 74	0.195

Bâtis ou Huisseries, feuillées, nervées, cardezonnées.

ÉPAISSEUR.	SAPIN.				CHÊNE.			
	LARGEUR.			Chaque centimètre en plus ou en moins	LARGEUR.			Chaque centimètre en plus ou en moins
	0.05	0.10	0.15		0.05	0.10	0.15	
	fr. c.	fr. c.	fr. c.		fr. c.	fr. c.	fr. c.	
A 3 parements.								
0.013	» 43	» 60	» 77	0.033	» 58	» 84	1 10	0.052
0.027	» 45	» 62	» 79	0.034	» 62	» 90	1 18	0.056
0.034	» 52	» 73	» 94	0.041	» 82	1 23	1 64	0.082
0.041	» 59	» 85	1 11	0.051	» 92	1 36	1 80	0.987
0 054	» 80	1 19	1 58	0.078	1 24	1 87	2 50	0.125
0.08	» 83	1 27	1 71	0.088	1 42	2 15	2 88	0.145
0.11	1 31	1 97	2 63	0 131	2 38	3 67	4 96	0.257
A 4 parements.								
0.013	» 48	» 68	» 88	0.040	» 59	» 89	1 19	0.060
0.027	» 49	» 70	» 93	0.045	» 64	» 98	1 32	0.068
0.034	» 55	» 80	1 05	0.050	» 86	1 32	1 79	0.093
0.041	» 63	» 93	1 23	0.060	» 94	1 45	1 96	0.103
0.054	» 77	1 27	1 71	0.088	1 29	1 98	2 67	0.137
0.08	» 88	1 35	1 82	0.094	1 51	2 31	3 11	0.160
0 11	1 31	2 »	2 69	0.138	2 47	3 82	5 17	0.270

Chevrons, Fourrures, Lambourdes, Soliveaux, Barres, Tringles en bois de bateaux, coupés, ajustés et posés.

ÉPAISSEUR.	0.05	0.10	0.15	plus ou en moins	0.05	0.10	0.15	plus ou en moins
0.027	» 16	» 24	» 32	0.016	» 19	» 32	0 45	0.026
0.034	» 23	» 33	» 43	0.020	» 29	» 42	0 55	0.028
0.041	» 24	» 38	» 52	0.027	» 36	» 48	0 70	0.044
0.054	» 39	» 64	» 89	0.050	» »	» »	0 »	»
0.08	» »	» »			» 49	» 80	1 11	0.062

Coulisses à 2 parements rainées.

ÉPAISSEUR.	0.05	0.10	0.15	plus ou en moins	0.05	0.10	0.15	plus ou en moins
0.027	» 35	» 50	» 65	0.030	» 53	0 80	1 07	0.054
0.034	» 42	» 62	» 82	0.039	» 75	1 15	1 53	0.078
0.041	» 52	» 72	» 92	0.040	» 83	1 24	1 65	0.085
0.054	» 67	1 02	1 37	0.069	1 10	1 68	1 26	0.125
0.08	» 80			0.074	1 17	1 93	1 69	0.166

CADRES FIGURANT PANNEAUX.

		sapin.	chêne.
		fr. c.	fr. c.
0,013	0,03	» 45	» 65
	0,04	» 50	» 70
	0,05	» 55	» 76
	0,06	» 60	» 83
	0,07	» 65	» 90
0,027	0,05	» 62	» 90
	0,06	» 67	» 96
	0,07	» 72	1 03
	0.08	» 77	1 10
	0,11	» 82	1 17
0,034	0,06	» 78	1 20
	0,07	» 84	1 30
	0,08	» 90	1 40
	0,09	» 97	1 50
	0,11	1 10	1 75

CHAMBRANLES ET CIMAISES,

CORNICHES ET MOULURES.

		sapin.	chêne.
0,013	0,03	» 38	» 46
	0,04	» 41	» 53
	0,05	» 44	» 60
	0,06	» 47	» 67
	0,07	» 50	» 73
	0,08	» 53	» 80

		sapin.		chêne.	
		fr.	c.	fr.	.
0,027	0,03	»	40	»	51
	0,04	»	43	»	58
	0,05	»	46	»	65
	0,06	»	49	»	72
	0,07	»	52	»	78
	0,08	»	55	»	85
	0,09	»	58	»	92
0,034	0,04	»	50	»	70
	0,05	»	54	»	80
	0,06	»	58	»	90
	0,07	»	62	1	»
	0,08	»	67	1	10
	0,09	»	72	1	20
	0,11	»	80	1	40
0,041	0,05	»	60	»	87
	0,06	»	65	»	98
	0,07	»	70	1	09
	0,08	»	76	1	20
	0,09	»	82	1	30
	0,11	»	93	1	52
	0,12	»	99	1	63
	0,14	1	12	1	85

CORNICHES VOLANTES.

		sapin.		chêne.	
0,013	0,04	»	40	»	60
	0,05	»	44	»	67
	0,06	»	48	»	74
	0,07	»	52	»	80
	0,08	»	56	»	87

		sapin.	chêne.
		fr. c.	fr. c.
0,027	0,06	» 54	» 82
	0,07	» 57	» 90
	0,08	» 62	» 98
	0,09	» 67	1 06
	0,11	» 75	1 20
0,034	0,06	» 65	1 02
	0,07	» 70	1 12
	0,08	» 75	1 21
	0,09	» 80	1 30
	0,11	» 90	1 50
0,041	0,07	» 80	1 20
	0,08	» 86	1 30
	0,09	» 92	1 42
	0,11	1 05	1 65
	0,14	1 25	2 »
0,08	0,08	1 35	2 10
	0,09	1 45	2 25
	0,11	1 65	2 60
	0,14	2 »	3 15
	0,16	2 20	3 50

CHAMBRANLES RAVALÉS ET PILASTRES
ASSEMBLÉS.

		sapin.	chêne.
0,027	0,06	» 60	» 85
	0,07	» 65	» 94
	0,08	» 70	1 02

		sapin.		chêne.	
		fr.	c.	fr	c.
0,027	0,09	»	75	1	10
	0,11	»	85	1	25
	0,12	»	90	1	35
0,034	0,06	»	70	1	05
	0,07	»	76	1	16
	0,08	»	83	1	28
	0,09	»	90	1	40
	0,11	1	02	1	61
	0,12	1	10	1	75
0,041	0,06	»	78	1	17
	0,07	»	85	1	30
	0,08	»	92	1	42
	0,09	»	98	1	53
	0,11	1	12	1	77
	0,12	1	20	1	90
0,054	0,07	1	15	1	75
	0,08	1	26	1	92
	0,09	1	37	2	10
	0,11	1	60	2	40
	0,12	1	72	2	55
	0,14	1	95	2	90

	fr	c.
Crémaillère en hêtre.	0	80

MAIN-COURANTE.

	acajou Sénégal.	noyer.
	fr. c.	fr. c.
A gorge de 0,041 × 06.	6 90	4 60
A olive de 0,34 sur 0,054. . . .	6 15	3 85

STILOBATES.

	sapin.	chêne.
	fr. c.	fr. c.
0,013 × 0,23.	» 75	1 25
0,027. . . . { 0,23. . . .	» 90	1 45
{ 0,23. . . .	1 20	2 15
Plus value pour moulure	» 10	» 12

JOURNÉES

De compagnon menuisier, y compris le bénéfice.	4 50
d° parqueteur d°	6 »

Bois neuf en superficie.

BOIS DE BATEAUX.

	sapin.	chêne.	Estimation
	fr. c.	fr. c.	fr. c.
Posé jointif.	1 95	2 75	
Coupé posé id.	2 30	3 20	
Dressé.	2 80	4 »	
Rainé.	3 20	4 50	
Pour corroyage, un parement.	» 45	» 55	
Remplissage.			» 85

Bois unis pour cloisons, tablettes et portes.

| | 0.013 | | | | 0.027 | | | | 0.034 | | | | 0.041 | | | | 0.054 | | | | 0.08 | | | |
| | sapin | | chêne | | sapin | | chêne | | sapin | | chêne | | sapin | | chêne | | sapin | | chêne | | sapin | | chêne | |
	f	c	f	c	f	c	f	c	f	c	f	c	f	c	f	c	f	c	f	c	f	c	f	c
à 1 Parement. Dressé....	3	10	5	35	3	75	6	30	4	60	8	85	5	45	9	90	7	20	13	55	9	»	15	65
Rainé.....	3	25	5	80	4	10	6	95	5	10	9	40	5	95	10	85	8	30	14	45	10	30	17	25
Rainé collé	3	50	6	10	4	40	7	30	5	45	9	80	6	40	11	25	8	85	15	05	11	15	17	95
Emboîté...	4	35	7	45	5	60	8	30	6	15	10	80	7	60	12	25	10	75	16	15	13	»	19	35
à 2 Paremens. Dressé....	3	40	5	75	4	10	6	80	5	»	9	40	5	90	10	50	7	75	14	30	9	65	16	45
Rainé.....	3	55	6	20	4	45	7	45	5	50	9	95	6	40	11	45	8	85	15	20	10	95	18	05
Rainé collé	3	80	6	50	4	75	7	80	5	95	10	35	6	85	11	85	9	40	15	80	11	70	18	75
Emboîté...	4	65	7	85	5	95	8	80	6	40	11	35	8	05	12	85	11	30	16	90	»	»	»	»

Châssis vitrés à petits cadres.

	SANS DORMANT.					AVEC DORMANT.			
		Sapin.		Chêne.			Sapin.		Chêne.
		f	c	f	c		f	c	f	c
A grands carreaux.	0.027....	5	55	6	55	0.027....	6	15	7	40
	0.034...	6	15	8	30	0.034....	7	»	9	25
	0.041....	7	40	8	95	0.041....	8	30	10	10
	0.054....	»	»	11	65	0.050....	»	»	12	85
A petits carreaux..	0.027....	5	85	7	25	0.027....	6	50	8	05
	0.034....	6	90	9	»	0.034....	7	65	9	10
	0.041....	8	20	10	20	0.041....	9	»	11	30
	0.054....	»	»	13	50	0.054....	»	»	14	90

Aux châssis qui auront plus de 10 carreaux, il sera ajouté par mètre :

Pour ceux en sapin. . . . . »f 70c

D° d° chêne. . . . . 1 »

Châssis à tabatière et de comble en chêne, la pièce.

ÉQUERRE.	sans petits bois.	simples.	doubles.	ÉQUERRE.	avec petits bois.	simples.	doubles.
fr. c.		fr. c.	fr. c.	fr. c.		fr. c.	fr. c
1 »	0.034	2 25	5 10	1 »	0.034	2 70	5 60
	0.041	2 75	5 90		0.041	3 15	6 65
1 50	0.034	3 10	7 70		0.054	4 55	9 50
	0.041	3 70	7 90	1 50	0.034	3 40	7 »
2 »	0.034	3 80	8 20		0.041	4 15	8 25
	0.041	4 60	9 85		0.054	5 85	11 35
	0.054	6 25	13 20	2 »	0.034	4 20	8 65
					0.041	5 20	10 30
					0.054	7 25	14 »
				2 50	0.034	5 10	10 05
					0.041	6 20	12 30
					0.054	8 75	16 90

Les châssis à la grecque seront payés 1/3 en plus ; ceux qui excéderont 6 carreaux par mètre superficiel 1/3.

Croisées à 2 Vantaux.

	Châssis.	Dormant.	Prix du mètre.	
			fr.	c.
A grands carreaux	0.034	0.041	10	»
	0.034	0.054	10	65
	0.041	0.054	11	50
A petits carreaux.	0.034	0.041	10	95
	0.034	0.054	11	75
	0.041	0.054	12	35

Nota. Pour les croisées sans petits bois, on diminue 1/20 du prix.

Entretoises et poteaux de remplissages.

ÉPAISSEUR.	EN SAPIN.				EN CHÊNE.			
	LARGEUR.			Chaque centimètre en plus ou en moins.	LARGEUR.			Chaque centimètre en plus ou en moins.
	0.05	0.10	0.15		0.05	0.10	0.15	
	fr. c.	fr. c.	fr. c.		fr. c.	fr. c.	fr. c.	
0.027	» 43	» 59	» 75	0.032	» 63	0 92	1 21	0.058
0.034	» 52	» 72	» 92	0.040	» 88	1 22	1 56	0.078
0.041	» 55	» 78	1 01	0.045	» 92	1 35	1 78	0.085
0.054	» 72	1 08	1 44	0.072	1 19	1 82	2 45	0.125
0.08.	» 84	1 23	» »	0.077	1 34	2 17	3 »	0.166

Lambris et Portes d'assemblages,

Ayant 2 panneaux par mètre et sans plates-bandes.

TIMBRE du lambris.	Sapin.	Chêne et sapin.	Chêne.	TIMBRE du lambris.	Sapin.	Chêne et sapin.	Chêne.
	à glace.				arrasé.		
Bâtis de 0.027, panneaux de 0.013.	f. c.	f. c.	f. c.	Bâtis de 0.027, panneaux à 0.02.	f. c.	f. c.	f. c.
à glace............	6 30	7 80	8 70	à glace............	6 85	8 05	9 80
brut............	5 80	7 20	8 05	arrasé	7 05	8 30	10 10
				brut............	6 40	7 55	9 25
Bâtis de 0.034, panneaux de 0.020.				Bâtis de 0.034, panneaux de 0.027.			
à glace............	6 80	9 «	10 35	à glace.	8 »	9 70	11 50
brut............	6 30	8 35	9 70	arrasé............	8 15	9 90	11 80
				brut............	7 45	8 95	10 70
Bâtis de 0.041, panneaux de 027.				Bâtis de 0.041, panneaux de 0.034.			
à glace...	7 45	9 75	11 70	à glace............	7 95	9 80	12 55
brut............	6 90	9 05	10 90	arrasé............	8 25	10 30	12 70
				brut............	7 50	9 55	12 »

Lambris et Portes d'assemblages ayant

TIMBRE DU LAMBRIS.	Sapin.		Chêne et sapin.		Chêne.	
à petits cadres bruts.						
	f	c	f	c	f	c
Bâtis de 0.027, panneaux de 0.013	6	65	7	85	9	»
Bâtis de 0.034, panneaux de 0 020	7	85	9	85	11	55
Bâtis de 0.041, panneaux de 0.020	9	20	10	80	13	15
à petits cadres et à glaces.						
Bâtis de 0.027, panneaux de 0.013	6	95	8	40	9	65
Bâtis de 0.034, panneaux de 0.02	8	25	10	40	12	20
Bâtis de 0.054, panneaux de 0.027	9	75	11	50	13	90

	Chêne et sapin.		Chêne.		Sapin.
à grands cadres bruts derrière.					
Bâtis de 0.027, panneaux de 0.013	10	70	12	55	0.041
Bâtis de 0.034, panneaux de 0.013	12	95	14	85	0.054
Bâtis de 0.041, panneaux de 0.020	14	65	16	25	0.065
à grands cadres et à glaces.					
Bâtis de 0.027, panneaux de 0.013	11	40	13	45	0.041
Bâtis de 0.34, panneaux de 0.013	13	65	15	75	0.054
Bâtis de 0.041, panneaux de 0.020	14	85	16	90	0.065

2 panneaux par mèt. sans plates-bandes.

TIMBRE DU LAMBRIS.	Sapin.	Chêne et sapin.	Chêne.
	à petits cadres arrasés.		
	f c	f c	f c
Bâtis de 0.027. panneaux de 0.013	7 05	8 45	9 80
Bâtis de 0.034, panneaux de 0.02	8 45	10 55	12 40
Bâtis de 0.040, panneaux de 0.027	9 85	12 35	14 15
	à petits cadres, 2 parements.		
Bâtis de 0.027, panneaux de 0.013	7 35	8 90	10 25
Bâtis de 0.034, panneaux de 0.02	8 90	11 »	12 90
Bâtis de 0.041, panneaux de 0.027	10 45	13 20	15 05

	Chêne et sapin.	Chêne.	Cadres.
	à grands cadres et arrasés.		
Bâtis de 0.027, panneaux de 0.013	11 65	13 65	0.041
Bâtis de 0.034, panneaux de 0.013	14 »	16 10	0.054
Bâtis de 0.041, panneaux de 0.020	15 85	17 55	0.065
	à grands cadres, 2 parements.		
Bâtis de 0.027, panneaux de 0.013	12 40	14 50	0.041
Bâtis de 0.034, panneaux de 0.013	14 75	16 95	0.054
Bâtis de 0.041, panneaux de 0.020	15 05	17 10	0.065

LAMBOURDES

de 0,8 de largeur.

2,50 pour l'anglaise, 3,00 pour le point
de Hongrie :

	fr.	c.
0,027.	»	30
0,034.	»	45
0,041.	»	50
0,054.	»	65
0,08	»	75

PLUS-VALUE.

Pour les croisées de 150 et au-dessous
il sera ajouté 0,15 de hauteur en
plus.

Les porte-croisées seront payées le même
prix que les croisées
en augmentant de 1/3
la hauteur de l'appui.

		fr.	c.
d°	dans les lambris, ceux **A** . de 2 à 3 panneaux.	»	50
d°	chaque panneau en plus.	»	25
Plates-bandes simpl., 1 parement .		»	25
d°	2 d° . . .	»	25
d°	pour lambris d'assemblages à petits cadres B de 2 à 3 panneaux d° . . .	»	60

	sapin et chêne.	chêne.
	fr. c.	
Chaque panneau en plus.	» 30	
d° à grands cadres C		
de 2 à 3 pann. d°	1 »	
Chaque panneau en plus.	» 75	
Pour les plates-bandes à moulures		
d° 1 parement. . .	» 45	
d° 2 d° . . .	» 90	

PERSIENNES.

	sapin et chêne.		chêne.	
	fr.	c.	fr.	c.
0,027.	8	85	10	15
0,034.	10	»	11	85
0,041.	»	»	14	50

Parquets et Planchers.

POINTS DE HONGRIE.			A L'ANGLAISE.			
Frise de 0.11.			Frise de 0.16.			
	chêne.			sapin.	chêne.	
	fr.	c.		fr. c.	fr.	c.
0.027. . .	9	25	0.027. . .	4 70	7	20
0.034. . .	10	»	0.034. . .	5 90	9	75
Frise de 0.8.			Frise de 0.11.			
0.027. . .	10	05	0.027. . .	5 20	7	80
0.034. . .	14	35	0.034. . .	6 50	10	25

Valeur d'un losange de point de Hongrie retourné :

	fr.	c.
0,027	2	15
0,034	2	30

Portes cochères

A GRANDS CADRES.

DÉSIGNATION.	LE DERRIÈRE.		
	arrasés.	à petits cadres.	à grands cadres.
	fr. c.	fr. c.	fr. c.
1er bâtis de 0.08. 2° d° de 0.054. Cadres de 0.054, panneaux de 0.034	29 50	30 50	31 85
1er bâtis de 0.11. 2e d° de 0.08. Cadres de 0.08, panneaux de 0.041	39 35	40 35	41 35

Siége d'aisances, la pièce, *poli et ciré*. Dessus en chêne de 0,034 d'épaisseur avec barres à queue et chantourné sur le devant garni de son tampon 0,60 × 0,60. . . . 7 50

	la pièce.	
	ir.	c.

Siége à l'anglaise de 1,20 à l'équerre, et 0,45 de hauteur avec bâtis doubles, bâtis en chêne de 0,054 carrés; lunettes, soubassement d'assemblage; plinthe, cimaise, la lunette et les bâtis des soubassements de 0,027 d'épaisseur; les panneaux des soubassements, abattants et plintes en bois de $0,014 \times 0,016$ et la cimaise en bois de 0,054 vaut. . . . . — 22 50

Les mêmes de 1,84 à l'équerre avec 2 trappes de chaque côté de l'abattant . . — 35 »

Tiroirs.

De 0,30 de large sur 0,48 de long, la tête en chêne de 0,027 sur 0,12; les côtés et le fond aussi en chêne de 0,027, collé embrevé, la pièce. . . . . — 3 85

De 0,40 carré chêne de 0,027 et 0,08 de haut.   d° . . . . — 4 15

De 0,40 sur 0,56, la tête de 0,11 ainsi que le pointeur et 0,027 d'épaisseur, le fond en feuilles. . . . . — 4 65

De 0,65 carré. . . . . — 6 50

TYP. APPERT FILS ET VAVASSEUR, passage du Caire, 54, à Paris.

LE NOUVEAU

TARIF DE POCHE

DU BATIMENT

PAR MM. E. BOISSAY ET C. VERHAEGHE,

ARCHITECTES.

QUATRIÈME PARTIE.

MENUISERIE.

PRIX : 1 FR. 50 C.

PARIS.

PUBLIÉ PAR **A. GRIM**, ÉDITEUR,

BOULEVART SAINT-MARTIN, 19.

1854

SERRURERIE.

Agrafe.

	Prix d'estimation.	
	fr.	c.
Agrafe ordinaire évidée, la pièce.		
d° moyen modèle	»	55
d° grand modèle.	»	65
d° d° d° mais polie	»	75
d° pour dalle en carillon, de 0,015 et de 0,24 de long, coudées aux extrémités, à scellement, la p^{ce}.	»	65
d° renforcée à T, pour être entaillée, la pièce	2	10
Anneau en fer étamé, 05, renforcé . . .	»	06
d° de mangeoire.	»	55
d° à lacet et à scellement	»	45
d° tête à la romaine, tige de 0,11 à 0,14 de long.	1	»
Arc-boutant en fer rond, de 0,020, à crochet par un bout, et garni de l'autre d'un friton de 0,14, le mètre	1	85
Armature de pompe, le kil.	1	40
Arrêt ou pointe de loqueteau coudée et contrecoudée.	»	40
d° de persienne ou volet, à pointe, compris chaînette et goupille. . .	»	45
d° à scellement	»	25

Battement.

	Prix d'estimation.	
	fr.	c.
Battement, la pièce, droit à scellement. .	»	12
d° à pointe.	»	30
Barre de fermeture en fer de 0,011 sur 0,045, à talon d'un bout, dressée, limée, chanfreinée, sans bouton, le mètre linéaire.	3	65
d° en fer étiré, de 0,009 et 0,41, corroyée, dressée, coudée et contre-coudée, percée d'un œil, sans bouton, id.	3	10
d° en fer caré de 0,027, à talon, à repos d'un bout, percée de deux mortaises pour les boulons, le kil. sans bouton.	1	15
Bouton tourné en fer pour lesdites barres de 0,041, ajusté et rivé	»	68
Bascule en fer, à anneau et volute, de 0,027, pour fermeture de volet.	2	50
d° à queue de poireau, à platine, tige ou poignée	1	15
d° pour sonnette, avec un mouvement simple à chaque extrémité, la tige de 0,020 à 0,022, en tringle de 0,005, avec support à pointe de 0,50.	3	»
d° avec mouvement double et fourreau de 0,50	5	75
Bascule à aile de mouche..	1	30

Boulons.

	Prix d'estimation.
	fr. c.
Boulon en fer rond de 0,013 sur 0,09 de long, avec écrou et à tête carrée.	» 40
d° de 0,015 et 0,24 de long, à tête carrée avec écrou et rondelle, la pièce	1 35
d° de 0,015 carré, de 0,56 de long, à tête carrée, deux platines entaillées.	3 20
d° en fer doux, de 0,10 de long, à tige ronde et à tête de diamant.	1 10
d° de 0,08 à tête ronde et plate tournée, carré au collet, sans platine.	» 85
d° de 0,16	1 10
d° méplat, fer de 0,013 sur 0,027, corroyé et aciéré, calibré, à tête ronde plate tournée, de 0,15 de long	1 45
d° pour poitrail en fer rond, de 0,027 et 0,46 de long, garni d'écrou carré et rondelle.	3 20
Les mêmes, au-dessous de 3 kil. (au kil.)	1 15
d° au-dessus	1 05
Boulon d'écartement en fer rond de 0,015, taraudé aux deux bouts, avec deux écrous et deux rondelles de 4,50 de long, la pièce	9 50
d° de 0,018, à tête carrée d'un bout et à écrou de l'autre, avec rondelle, de 1,00 de long	2 »

	Prix d'estima-tion.
	fr. c.

Boulon de 0,022, à scellement d'un bout, et de l'autre à écrou et rondelle, de 1,50 de long 6 25

d°   d'assemblage en fer rond de 0,18 garni d'un écrou et d'une rondelle de 0,50 de long. 1 85

Becs-de-canne.

Bec-de-canne ordinaire, sans gache ni bouton, de 0,08 . . . . . 2 30
d°   de 0,11 . . . . 2 55
d°   de 0,14 . . . . 3 30
d°   renforcé, de 0,08 . . . . . 3 »
d°   de 0,11 . . . . 3 10
d°   de 0,14 . . . . 4 »
d°   de 0,16 . . . . 4 75
d°   en long, de 0,06. . . . . . 3 75
d°   de 0,09 . . . . 4 05
d°   de 0,10 . . . . 4 35

Béquilles.

Béquilles simples en cuivre, à anneau renforcé 1 10
d°   à col de cygne 1 85

Boucles.

Boucles doubles à gibecière, n. 1 . . . . . 1 40
N. 2 . . . . 1 45

	Prix d'estimation.	
	fr.	c.
N. 3	1	55
N. 4	1	65

Boule.

Boule à piédouche en cuivre de 0,05 de diamètre tournée, profilée, posée sur soie de pilastre, vaut	2	»
d° de 0,08.	3	50
d° de 0,11.	6	»
d° de 0,16.	8	»
Boule en cristal de 0,11 de haut et 0,08 de diamètre et côtes unies, socle en cuivre, la pièce, compris pose.	9	50
d° de 0,15 sur 0,09 de diamètre . . ·	11	50
d° de 0,17 sur 0,11. d°.	13	50
d° de 0,16 sur 0,11 d°.	16	50
d° cristal de couleur.		
d° d° de 0,08	12	50
d° d° de 0,09	14	50
d° d° de 0,11	17	50
d° d° de 0,12	25	50
Boulons de fermeture, compris clavette, les 3 rosettes entaillées		
d° de 0,10.	1	15
d° de 0,15.	1	25

Boutons.

Bouton à boîte d'horloge ou à bascule en cuivre ordinaire, de 0,034, avec rosette, crampon et gâche . . .	»	85

	Prix d'estimation.	
	fr.	c.
Bouton plus fort, n. 2	1	10
d° cul-de-lampe de 0,041, vᵗ	1	55
d° à boîte d'horloge en fer avec crampons et gâche	»	80
Boutons simples en olive en cuivre à piédouche à bascule, de 0,045 sur 0,035 la pièce	2	10
d° de 0,030 à 0,020	1	60
Bouton double en olive en fer pour serrure ou bec de canne, n. 4 . .	2	50
d° n. 5	2	90
d° simple en fer en olive à bascule, avec crampon et rosette, n. 1.	»	60
d° n. 2	»	70
Bouton simple en cuivre n° 3, avec chaînette en fer.	1	85
d° double ordinaire à olive en cuivre n. 2, de 0,05.	1	25
d° à embase tournée	1	55
d° n. 3 à embase tournée, de 0,054.	1	75
d° d° mais ciselé garni d'une béquille de 0,06.	3	50
d° n. 4 ordinaire.	1	45
d° camards creux (doubles), n. 1. .	1	90
d° n. 2.	2	08
d° n. 3.	2	23
d° doubles en cristal blanc, cuvettes à embase montées et goupillées comme celles en cuivre, n. 1. .	4	15

	Prix d'estima-tion.	
	fr.	c.
Bouton n. 2	4	50
d° n. 3	5	15
d° sans rosaces et soudés dans leurs boîtes, taillés, à 8 pans. . . .	6	35
d° en diamant	8	70
d° forme ovale.	9	85
Bride pour serrure en fer, bandelettes de 0,27, développée à pattes et à 4 vis	1	»
d° pour tuyaux de descente en fer, de très peu d'épaisseur, pour tuyau de 0,08 de diamètre.	»	25
d° en fer de 0,005 d'épaisseur sur 0,034 de largeur, de 0,27, déve-loppée	»	65
d° de 0,50.	1	»
d° de 0,65.	1	25
Les mêmes au kilog.	1	»

Cadenas.

	Prix d'estima-tion.	
Cadenas, clef en chiffres, sans piston, de 0,027	»	70
d° de 0,033.	»	90
d° de 0,040.	1	05
d° de 0,050.	1	20
d° de 0,060.	1	35
d° de 0,070.	1	55
d° de 0,080.	1	75

Calibre.

	Prix d'estima-tion.
	fr. c.
Calibre en tôle forte fixé sur le profil avec pointes	
d° de 0,16 de profil	1 75
d° de 0,32 d°	3 50
d° de 0,65 d°	5 »

Chaînette.

| Chaînette en cuivre pour le demi-tour des serrures, montée sur platine, de 0,12, avec 2 forts boutons en fer olive de 0,08, garnis d'un crochet à tige de 0,30, coudé et cintré, coudé à la demande pour le demi-tour, rosette et vis, la pièce . . . . | 5 75 |

Charnières.

Charnières ordinaires carrées en feuillu-res, de 0,08	» 40
d° de 0,11	» 55
d° de 0,16	1 45
d° carrées ou à pans entaillés, de 0,08	» 50
d° de 0,11	1 15
Charnières en cuivre fondu, nœuds à bou-les tournées remplaçant pi-vots, de 0,11	2 35
d° de 0,014	3 10

		Prix d'estimation.
		fr c.
Charnières pour volets, la pièce, à nœuds de 0,41 à 2 branches ; id. de 0,50, développés entaillés .		3 »
dᵒ	de 0,054 et 0,50 dᵒ.	4 50
dᵒ	en fer de 0,007 à 0,009, au collet, dressées, limées, entaillées sans vis ni clous, le kilog.	3 »
dᵒ	en fer forgé de 0,009 d'épaisseur, les nœuds de 0,10 de large, réduite à 0,054 dans les bouts, coudée d'un bout et assujettie de l'autre et de 1^m de long, percée de 9 trous 4 vis et 5 clous rivés et compris entaille, la pièce. . .	8 50
dᵒ	portant 2 nœuds et de 1,30 de long	11 »
dᵒ	pour cloison à 1^m, de 0,27 en fer, de 0,006 d'épaisseur sur 0,035 à nœuds, la 2me branche percée de 9 trous, 9 vis, entaillées, valant, la pièce	7 50

Clous.

Clous doux de fabrique pour les charpentiers, les 100 kilog.		80 »

	Prix d'estimation.	
	fr.	c.

Clous à bateau neuf, les 100 kilog. . . . | 60 | »
dº   dº   vieux . . . . | 50 | »

Chevillettes.

Chevillettes faites par le serrurier, les 100 kilog. . . . . | 85 | 50

Clavette.

Clavette seule pour bouton de 0,11 de longueur, la pièce. . . . . | » | 25

Clefs.

		fr.	c.
Clef en réparation forée pour serrure d'armoire		1	»
dº polie et à embase.		1	25
dº pour serrure commune.		1	75
Bénarde à embase et en chiffres		2	»
dº forée de deux hauteurs		2	85
dº dº polie		3	50
dº de sureté, forée à jour polie d'une hauteur		3	50
dº de sureté, panneton à l'anglaise pour grosse serrure à jour,		6	75
panneton plein.		6	25
dº pour cadenas à grosse fourrure, panneton plein.		4	»

Couplet.

	fr.	c.
Couplet à deux branches, compris vis et entaille de 0,11	»	52
d° de 0,16	»	63
d° de 0,22	»	75
d° à broche blanchi de 0,08	»	75
d° de 0,16	1	25

Crampon.

	fr.	c.
Crampon pour verrou ordinaire à pointes	»	15
d° très fort	»	30
d° à pattes	»	35
d° renforcé	»	50
Crampon pour sonnette	»	06

Crapaudines.

	fr.	c.
Crapaudine à scellement	»	35
à pointes	»	75
d° à pattes	1	10
Plus forte, le kilo	1	50

Crémones.

	fr.	c.
Compris gâches		
A garniture unie, de 2,00 de hauteur	7	»
d° sculptée	8	15
d° riche	9	30
Pose d'une crémone	1	»

Croissants.

	fr.	c.
Croissants ordinaires en fer, la paire	»	75

	Prix d'estimation.	
	fr.	c.
Croissants à vase en cuivre.	1	45
d° à double branche en fer. . . .	1	80
Vase en cuivre	3	50
d° en cuivre avec rosace et boule . . .	3	50

Crochets.

Crochets en fer rond blanchis à la lime avec piton et tirefond, la pièce.		
d° de 0,08	»	35
d° de 0,11	»	40
d° de 0,16	»	50
d° de 0,27	1	»
Crochets plats communs de 0,054 avec tirefond et vis	»	30
d° de 0,11	»	40

Équerres.

Équerres, compris vis et entailles, la pièce simple de 0,16	»	18
d° de 0,19.	»	22
d° de 0,22.	»	32
d° double de 100 développée	»	90
ordinaire renforcée. . . .	1	10
d° fixée avec vis tournée . . .	1	25
d° en fer étiré fait exprès, de 0,007 d'épaisseur sur 0,034 renforcée en congé dans les angles; calibrée, dressée, percée de trous forés en-taillés, sans clous ni vis, le k.	1	»

Espagnolettes.

		Prix d'estima-tion.	
		fr.	c.
Espagnolettes, de 2,00 de hauteur en tringle de 0,013 et embases tournées, poignée pleine, support et gâches, le tout dressé, limé, posé, la pièce.		8	50
dº	de 0,016	8	85
dº	de 0,018	10	20
dº	à lacets carrés de 0,016	12	»

Entailles.

Entailles, de 0,005 de profondeur à 0,035 de largeur.		»	85
dº	de 0,005 à 0,054 et au-dessus.	1	35

Fiches.

Fiches à bouton de 0,095		»	34
dº	de 0,11	»	40
dº	de 0,125	»	62
dº	renforcée.		
dº	de 0,095.	»	40
dº	de 0,11.	»	50
dº	de 0,125	»	70
Ferrure à façon d'une croisée composée de 6 fiches, 4 pattes, 8 équerres, l'espagnolette et gâches, limé, ajusté, entaillé, posé		3	»

Fléaux.

Fléau pour volets, ordinaire, de 0.16 . .		1	20

	Prix d'estimation.	
	fr.	c.
Fleau pour volets, ordinaire, de 0,19 . .	1	35
d° d° de 0,22 . .	1	60
d° enfin de 0,013 à 0,047, monté sur platine à 2 empatements ronds et de 0,30 de long avec bouton tourné, 1 support à pattes, vis, clous rivés, la pièce.	5	»

Fontes.

Pour colonnes pleines et creuses, fondues sur modèle, le kilo	»	42
d° pour réchauds et fourneaux économiques, *id.* le kilo.	»	44
d° pour tuyaux.	»	32
d° pour cuvettes n° 1 les 100 kilos.	16	50
n° 2.	18	75
n° 3.	23	15

Gros Fers.

Vieux fer à façon, compris pose, le kilo.	»	23
d° fourni les fers coupés de longueur, le kilo.	»	38
coudés	»	52
pour étriers, plates-bandes, équerres et petits harpons.	»	62
Fer pour ferrures et planchers en fer, assemblés et posés	»	68
Colonnes en fer rond, non compris pose.	»	62

Gâches.

	Prix d'estimation.	
	fr.	c.
Gâches pour bec de canne ordinaire, encloisonnées neuves.	»	72
d° à rouleau.	1	25
en tôle coudée.	»	85
d° à pattes de 0,08 de large.	1	»
de 0,10.	1	10
d° à pointes de 0,08	»	80
de 0,10.	»	90
d° à scellement de 0,08.	»	55
de 0,10	»	65
d° encloisonnée pour bec de canne en long	»	85
à rouleau	2	20
encloisonnée pour serrrures de sûreté.	»	95
d° à rouleau, moulures en cuivre.	2	35
d° coudée en tôle forte même hauteur que la serrure.	1	30
d° à pattes pour verroux et targettes de 0,035.	»	55
d° de 0,040.	,	60
d° de 0,048.	»	65
d° de 0,055.	»	75
d° en fer forgé pour verrou à ressort posé dans le carreau avec trous forés et vis tamponnées ordinaires	»	65
Galet seul de roulette gaïac, garni de cuivre, la pièce.	»	75

	Prix d'estimation.	
	fr.	c.
Galet plein en cuivre de 0,047 de diamètre monté sur chape en fer coudée, goupillée et percée de trous fraisés, entaillé et vis . . .	2	75
d° mais sans chape.	»	60
Galvanisation, le kilo de gros fer.	»	25

Gonds.

Gonds ordinaires à scellement pour paumelles de 0,14 à 0,16	»	30
d° de 0,19 à 0,22	»	70
d° pour pentures de 0,40 à 1,00. .	»	90
d° à pointes pour paumelles, de 0,14 à 0,16	»	40
d° d° de 0,19 à 0,22. . . .	»	55
d° pour pentures de 0,40 à 0,60. .	»	80
d° d° de 0,70 à 0,100.	1	80
A pattes, pour paumelles de 0,14 à 0,16.	»	75
d° d° de 0,19 à 0,22.	»	90
d° pour pentures de 0,40 à 0,60.	1	»
d° d° de 0,70 à 100 .	1	60

Journée.

Journée d'ouvrier en attachement. . . .	5	35
Jeu à une croisée.	»	15

Loquets.

	Prix d'estimation.	
	fr.	c.
Loquet ordinaire de 0,52, blanchi, avec bouton plat, olive et tourné, avec mantonnet à pointes, crampons à tête, rosette et vis	2	30
d° ordinaire de 0,30	1	95
d° de 32 à 38, mieux fait, avec bouton plein	3	»
d° renforcé, coudé, de 0,40.	3	75
d° de 0,50	4	25
d° très fort, fait exprès, de 0,50, poli, garni d'un bouton plein olive et mentonnet à pattes, crampon fixé avec vis.	4	85
d° de 0,60	5	50
Loqueteau à pompe en fer coudé, posé en en place, avec tirage , anneau et conduit, de 0,047.	1	35
d° de 0,054.	1	50
d° de 0,061	1	65
d° ordinaire.	1	20
d° fort.	1	55
d° très fort.	2	»

Mentonnets.

Mentonnet de loqueteau à pointe, la pièce.	»	35
d° de loquet	»	60
d° d° mais à pattes. . . .	»	80

	Prix d'estimation.	
	fr.	c.

Mentonnet de loquet à pattes, enlevé d'équerre, fait exprès, et entaillé 1 75

Moraillons.

	fr.	c.
Moraillon à charnière, avec piton, de 0,16.	»	85
d° de 0,22	1	20
d° de 0,27	1	50
d° de 0,33, à pattes	1	50

Pannetons.

	fr.	c.
Panneton à agrafes pour volet, compris vis et clous rivés, droit, de 0,16	»	65
d° de 0,19	»	85
d° à agrafes, de 0,16	»	70
d° d° de 0,19	»	90

Mouvement.

	fr.	c.
Mouvement de sonnette à congé et en cuivre, petit modèle, de tirage ou renvoi, la pièce	»	55
Le même, entaillé.	»	95
d° en fer, monté sur sa pointe . .	2	»
d° en cuivre fondu pour cordon. .	2	»
d° en fer, garni d'une douille en cuivre	2	75

Pattes.

	Prix d'estima- tion.
	fr. c.
Patte à plaques, de 0,10.	» 08
d° à chambranles, de 0,11	» 13
d° de 0,16	» 16
d° à scellement, de 0,14.	» 22
d° de 0,16	» 35
d° pour devanture, faite exprès, de 0,16 de long et 0,05 de large, fer de 0,005 d'épaisseur, la pièce . . .	» 80

Paumelles.

	Prix d'estimation
Paumelle à T, entaillée avec vis et clous rivés, simples ordinaires, de 0,14.	» 65
d° de 0,16	» 85
d° de 0,19	» 95
d° de 0,22	1 25
d° doubles, de 0,14	» 95
d° d° de 0,16.	1 60
d° d° de 0,19	1 15
d° d° de 0,22	1 50
Paumelles en fer poli, doubles, à boules à nœuds, entaillées en feuil- lures, de 0,14	1 85
d° de 0,16	2 25
d° de 0,19	2 45
d° de 0,22	2 70

Pentures.

	Prix d'estimation
Penture ordinaire à collet élargi, de 0,40.	1 60
d° de 0,60.	2 85

	Prix d'estimation.
	fr. c.
Penture de 0,70.	3 45
d° de 1,00.	7 50
d° non élargi, de 0,40	1 15
d° de 0,60	1 75
d° de 0,70	2 »
d° de 1,00	2 85
d° au poids, compris clous et pose.	1 20

Pilastres.

	Prix d'estimation.
Pilastre de rampe en fer tourné, avec tige et soie montées à vis, posé en place, de 0,054	16 50
d° de 0,060.	20 »
d° en fonte, orné d'astragale et d'un chapiteau, et 0,054 de diam., à la panse	14 »
Le même, de 0,075	20 »
d° grand modèle renaissance, chapiteau ionique, socle orné de feuillage	30 »

Pivots.

	Prix d'estimation.
Pivot pour secrétaire, de 0,067 de long et 0,015 de saillie, et 0,011 d'épaisseur du mouffle, huit vis, la p^{ce}.	1 50
d° à équerre, à col de cygne, entaillé, fixé avec vis (sans crapaudine), de 0,16	1 75
d° de 0,20	1 83

	Prix d'estimation.	
	fr.	c
Pivot de 0,30	2	70
d° de 0,40	3	50
d° à boule tournée, à équerre, à col de cygne, bien fait, de 0,16	2	70
d° de 0,20	3	»
d° fait exprès, à congé, de 0,32 de branche, fer de 0,035 de largeur, poli, entaillé, avec crapaudine, à patte, de 0,16, fixé avec vis. . .	8	»
d° à équerre double, pour porte d'allée, fer de 0,050 de large et 0,008 d'épaisseur, de 1,50, développé, à congé dans les angles, percé de 15 trous forés et fraisés, avec vis et clous rivés, entaillé et limé. évalué..	14	50
d° en fer corroyé, les branches affilées, percé de trous plats et fraisés, crapaudine en fer, *idem*, portant mamelons soudés, arrondis à la lime, entaillés, non compris clous ni vis, le kil.	1	25
Piton à pointe de 0,11, tamponné dans la pierre	»	50
Petit bois en fer, à moulure, de 0,027 sur 0,035, compris ajustement et pose, le mètre courant.	2	25
Pivot de siége, n. 1	1	25
d° n. 2	1	40

	Prix d'estimation.	
	fr.	c
Poignée à pattes, posée avec deux vis, ordinaire.	»	30
d° renforcée.	»	35
d° tournante simple et unie, piton à olive, entaillée, deux vis et un clou rivé, de 0,16	»	80
d° de 0,19.	»	95

Rampes.

Rampe à pointe, barreaux de 0,016 . . .	9	50
d° de 0,018.	11	75
d° à col de cygne, à pointe, de 0,016.	12	50
d° de 0,018	14	»
d° à pitons, de 0,016.	20	»
d° de 0,018	23	»
Rappointés ordinaires, les 100 kil.	35	»

Serrures.

Serrure d'armoire, bon poussé, pène au milieu, posée avec vis, entrée et gâche en tôle, entaillée, fixée avec vis, de 0,07.	3	10
d° de 0,08	3	25
d° d'armoire, à canon, de 0,07 . .	3	60
d° de 0,08	3	70
d° de 0,11	4	»

	Prix d'estimation.	
	fr.	c.
Serrure pène dormant, noire, demi-fort, pose, vis et entrée, de 0,14.	4	»
d° de 0,16	4	75
d° pène dormant, de sûreté avec deux clés, demi-poussée, demi cloison, de 0,14.	6	85
d° de 0,16	8	»
d° à tour et demi, bon poussé, pène au milieu, bouton de coulisse en cuivre, posée, vis et entrée, de 0,11	4	20
d° de 0,14	4	50
d° 0,16.	5	35
d° à deux pènes, à folio, bon poussé ou polie, ordinaire, compris *id.*, de 0,14.	5	60
d° de 0,16	6	35
d° de sûreté, en long, demi-cloison, bouton de coulisse, jusqu'à 0,07 de large	11	10
d° de 0,08	11	75
d° de 0,09	12	30
d° de 0,10	13	»

Sonnettes.

	Prix d'estimation.	
Sonnette n. 3	1	80
d° n. 4	1	90
d° n. 5	2	»
d° n. 6	2	30

	Prix d'estimation.	
	fr.	c.
Coulisseaux à pompe en cuivre rond, compris ajustement, entaille et fouille dans la pierre. . . .		
d° de 0,08 de diamètre	6	50
d° de 0,09 d°	7	»
d° de 0,10 d°	7	50
d° de 0,11 d°	7	85

Trous.

Trous, percement en mur ordinaire, le mètre.	3	»
d° en roche très dure	5	50

Tuyaux.

Tuyau posé à nu avec colliers, le mètre .	1	»
d° entaillés de leur épaisseur et à scellement	2	35
Plaque de 0,12 carrés à tôle entaillée. . .	1	15

Targettes.

Targette en fer à chapeau, de 0,04. . . .	»	65
d° de 0,06	»	90
d° de 0,08	1	30
d° de 0,08 avec valet	1	55
d° renforcée, bouton à patère . . .		
d° de 0,040.	»	90

	Prix d'estima- tion.
	fr.　c.
Targette de 0,06	1　20
d° de 0,08	1　55
d° le valet en plus.	»　25

Verroux.

Verroux à ressort, un quart placard . . .	
d° de 0,16.	»　95
d° de 0,20	1　»
d° de 0,25	1　10
d° de 0,30.	1　20
d° de 0,40.	1　35
d° de 0,50.	1　60
d° de 0,65.	1　85
d° de 0,080	2　10
d° de 1ᵐ	2　30
Demi-placard, de 0,20	1　30
d° de 0,25	1　40
d° de 0,30	1　50
d° de 0,40	1　60
d° de 0,50	1　85
d° de 0,65	2　15
d° de 0,80	2　35
d° de 1,00	2　75
Trois quarts placards de 0,30	2　30
d° de 0,40	2　40
d° de 0,50	2　55
d° de 0,65	3　10
d° de 0,80	3　35
d° de 1,10	3　65

		Prix d'estima-tion.	
		fr.	c.
Verroux pène rond, poignée tournante pour écurie de 0,30		4	40
d° de 0,40		4	75
d° de 0,50		5	20
d° de 0,65		5	50

Vis

		Prix d'estima-tion.	
Vis à bois, tête plate, jusqu'à 20-20. . . .		»	15
d° de 20-20 à 22-25		»	25
d° de 22-25 à 25-30		»	35
d° de 25-30 à 26-40		»	05
d° de 26-40 à 27-50		»	08
d° de 30-80 à 31-90		»	26
d° de 31-90 à 32-100.		»	32
A têtes carrées posées de 0,06.		»	30
d° de 0,07.		»	35
d° de 0,08.		»	40
d° de 0,09.		»	45
d° de 0,10.		»	50
d° de 0,11.		»	55
d° de 0,12.		»	60
d° de 0,13.		»	65

NOUVEAU TARIF

DES

PRIX DE MARCHANDAGES

POUR FAÇONS

DE TOUS LES FERS A BATIMENTS

ET LA POSE DE TOUS LES OBJETS DE

Quincailleries, Sonnettes, etc.

AVEC LEURS PRIX DE RÈGLEMENTS.

Articles divers à façon sans fournitures.

	Façons.
Tous les fers à bâtiments, hors ceux coupés de longueur, 0,08 c. le kilogramme, compris la pose....................	0 08
Tous les boulons d'assemblages et autres confondus, le kilog....................	0 40
Les fermes pour planchers, poitrails, etc., le kilog., non compris la pose..........	0 07½
Les fermes des combles (comme ceux de l'Opéra-Comique), compris la pose, le kil.	0 20
Les entretoises, le kilog., non compris la pose....................	0 03
Les grilles de bouchers ouvrantes, sans ornements, avec lances, le kilog...........	0 30
Id., avec ornements en fonte....	0 35

	Façons.	
Les portes d'entrées à deux vantaux, avec ornements en fonte, le kilog..............	0	35
Façon des vasistas en fers raînés (la pièce).	2	50
Les plates-bandes d'escaliers cintrés, entaillées et posées, le mètre.............	1	50
Rampes d'escaliers à barreaux à pointes, sans fournitures, le mètre..............	2	75
Id., à cols de cygnes et à pattes, le mètre......................	3	50
Id., à pitons et chapiteaux en fonte, le mètre...................	5	50

Ferrures de Croisées.

Fiches à boutons, de 0,95 mill....... } sur tréteaux. de 0,108 mill......	0	08
Id., sur place...................	0	12
Equerres simples, de 16 à 18 c., et vis.....	0	04
Id. doubles, Id.	0	15
Espagnolettes à 3 ou 4 embâses.........	0	35
Pattes à scellement, préparées et posées à..	0	03
La paire de verroux demi-placards ou placards, avec gâches à pattes ou gâches coudées, compris la façon desdites.......	0	30
Crémones remplaçant les espagnolettes et verroux, la pièce..................	1	00

Ferrures de Volets brisés.

Charnières à pans ou carrées (0,054 à 0,081 m.)...................	0	10
Id., longues, (0,108 m.) en feuillures.....	0	15

	Façons.
Pannetons et agrafes, la paire	0 10
Becs de cannes à anneaux, pour fermer dans les caissons, avec gâches coudées à la demande	0 30
Barres de fermeture, compris supports, boulons et rosettes avec gâches en tôle coudées.	0 50

Ferrures pour Persiennes.

	Façons.
Equerres doubles (comme celles des croisées).	0 15
Paumelles à gonds, à scellement, 0,18 c. à 0,24, compris clous rivés, la pièce.	0 11
Id., avec gonds à pointes et à pattes.	0 25
Paumelles doubles (0,18 à 0,24 c.).	0 20
Id., doubles avec clous rivés. (0,22 c.).	0 22
Façon d'un gond à patte pour lesdites, et pose	0 25
Espagnolettes, idem aux précédentes.	0 35
Loqueteaux garnis de pointes et tirages. . . .	0 20
Crochets ronds (0,054 à 0,33).	0 05
Arrêts à pointes, garnis, posés dans le bois ou dans la pierre, tamponné les trous, la paire.	0 20
Id., à scellement, la paire.	0 10
Battements à pointes, la paire.	0 04
Fléaux garnis de supports.	0 35
Verroux à ressorts, idem aux précédentes. . .	0 30
Loquets pour les tenir ouverts	0 15
Poignées à pattes.	0 03

Ferrures de Portes.

	Façons.	
Fiches à boulons (0,095 à 0,108), sur place....................................	0	12
Charnières (0,16 c.) en feuillures........	0	18
Id. (0,14 c.) Id.	0	15
Id. (0,108 c.) Id.	0	13
Id. (0,081 à 0,095 c.) Id.	0	12
Paumelles à T doubles, (0,14 à 0,16 c.)...	0	17
Id. Id. (0,18 à 0,22 c.)......	0	20
Id. avec gonds à pointes...............	0	20
Id. avec gonds à scellement............	0	11
Id. à olives, en feuillures.............	0	40
Id. ordinaires, en feuillures...........	0	30
Pentures entaillées, (40 à 66 c.) garnies de gonds, la paire.....................	0	70
Id. (0,66 à 1 m.) garnies de gonds, la paire.............................	0	90
Verroux à coulisses, posés en feuillures, compris gâches, la paire...............	1	20
Serrures de sûreté et gâches avec entrées..	0	50
Serrures pènes dormants, Id.	0	40
Id. tours et demi, à coulisses et gâches.........................	0	40
Id. Id. B. doubles, Id.	0	75
Becs de cannes et la façon de gâches.......	0	65
Avielles garnies de loquets.............	0	60
Targettes, compris les gâches...........	0	15
Verroux à capucines, compris gâches.....	0	20
Loqueteaux droits, compris mantonnets et tirages.............................	0	15
Les battants de loquets.................	0	30

	Façons.
Serrures mortaisées dans l'épaisseur du bois, avec gâches, compris façon et à la demande.	1 50
Boutons de tirages à écrous, la pièce.	0 15
Boutons à boîtes d'horloges, compris crampons	0 10
Ajustements de boutons doubles sur serrures, demi-tours et pènes dormants et becs de cannes, séparément, la pièce.	0 15

Ferrures d'Armoires.

Charnières à pans, de 0,054 à 0,081 m. . . .	0 10
Crochets plats.	0 05
Serrures garnies d'entrées et gâches.	0 30

Devantures de Boutiques.

Charnières entaillées, le mètre courant.	0 90
Pannetons droits et à agrafes, avec clous rivés et façon de gâches	0 22
Poignées à olives, montées sur platines, posées avec clous ou vis.	0 12
Boulons de fermetures, garnis de platines.	0 20
Pose de barres de fermetures et façon de gâches en tôle, compris les boulons et supports à pattes, avec clous rivés.	0 60
Supports à charnières entaillées.	0 30
Paumelles doubles à équerres doubles, le mètre courant.	0 75
Pivots à têtes carrées, pour portes d'appartements	0 75

	Façons.
Serrures, pènes dormants, compris gâches coudées au besoin....................	0 40
Pentures non entaillées, avec clous rivés et vis ou clous doux, avec gonds à pointes, à pattes ou à scellements, la paire........	0 40

Portes cochères.

Pivots à équerres et bourdonnières.	
Pivots pour guichets.	
Serrures à cordons, entaillées.	
Espagnolettes, compris les loqueteaux pour les verroux du bas, les plaques sur les seuils des guichets, le tout.............	25 00

Prix pour pose de Sonnettes sans fournitures.

Percements de trous, le mètre...........	1 25
Pose de tuyaux dans les trous et en dehors, le mètre......................	0 30
Façon de bascules simples et pose........	0 75
Id. doubles id..........	1 50
Mouvements simples montés sur platines, entaillés et posés..................	0 60
Id. doubles, montés id.................	1 00
Mouvements ordinaires posés..........	0 20
Id. doubles id...........	0 25
Fil de fer, le mètre....................	0 05
Boucles de jonctions avec ressorts.......	0 20
Conduits, façon et pose, le cent.........	1 00
Préparation et pose d'une sonnette........	0 25

PRIX
pour pose de Sonnettes
avec toutes les fournitures.

	Achats.	Réglem^{ts}
Percements de trous, le mètre........	1 50	2 50
Mouvements ordinaires....	0 40	0 50
Bascules jusqu'à 0,41 c...	1 25	1 75
Mouvements sur platines fendues en-taillées....	1 00	1 25
Bascules, id.....	2 50	3 25
Mouvements renforcés (grand mo-dèle)......................	0 50	0 60
Id. sur platines fendues et entaillées...	1 25	1 50
Id. à charnières, montés et posés		1 75
Bascules jusqu'à 40 c............ .	1 75	2 25
Id. sous-platine fendues............	3 00	3 75
Pointes d'arrêts, la pièce...........	0 05	0 10
Conduits, la douzaine............	0 20	0 40
Tuyaux, le mètre................	0 40	0 50
Coulisseaux de tirage en cuivre, ordi-naires.....................	0 75	1 25
Ressorts élastiques, la pièce.........	0 15	0 25
Id. en acier, avec pointes..........	0 50	0 75
Fort fil de fer, le mètre............	0 07½	0 10
Petit id.................		0 08
Laiton fort, le mètre...........	0 10	0 12
Petit...............		0 10
Boucles de jonction, la pièce........	0 10	0 20
Tranchées, compris tuyaux et colliers, recouvertes en plâtre, le mètre....	1 25	1 50
Sonnettes n° 4 ou 0,060 m. de diamè-tre, avec ressorts et pointes, et po-sées.....................		1 50

	Achats.	Règlem.^{ts}

	Achats.	Règlem^{ts}
N. 5, ou 0,065 m. id............		1 60
N. 6, ou 0,070 m. id............		1 80
N. 7, ou 0,075 m. id............		2 10
N. 8, ou 0,080 m. id............		2 40
Tirages à pompes en cuivre, carrés ou ronds à cadres de 0,08 c., avec scellements............		5 00
Id. de 0,09 c............		5 25
Id. de 0,10 c............		5 50
Id. de 0,11 c............		6 00
Id. de 0,12 c............		6 75
Timbres d'annonce ordinaires, montés et posés, de 0,081 m............		4 50
Id. de 0,095 m............		5 00
Id. de 0,110 m............		5 75
Id. de 0,125 m............		6 25

Pour Cordons de Portes cochères.

	Achats.	Règlem^{ts}
Percements de trous, le mètre........	2 25	3 00
Mouvements en fer ordinaires........	1 50	2 25
Id. de tirage, très fort............		3 50
Bascules, jusqu'à 0,40 c............	3 00	3 50
Mouvements à pattes, entaillés........	3 00	3 50
Bascules, id............	3 75	4 75
Fort fil de fer, le mètre............	0 10	0 12
Moyen fil de fer............		0 10
Boucles de jonction, la pièce........	0 15	0 30
Ressorts élastiques............	0 35	0 50
Id. forts en acier............	0 75	0 90
Id moyens............		0 75
Conduits, la douzaine............	0 40	0 60

	Achats.	Règlem.ts
Tuyaux, le mètre, entaillés et scellés..	1 35	1 75
Repoussoirs dans les gâches.........	12 00	15 00
Id. sur les portes	9 00	12 00
Paillettes ou ressorts de renvoi sur platines	2 00	2 50
Pointes d'arrêts..............	0 15	0 20
Les fouilles pour sonnettes et cordons dans la pierre et les murs, et de 0,10 c. sur 0,06 et 0,05 c. ; de $0,22 \times 0,05$ et 0,05 ; de 0,10 c. carrés $\times 0,06$, et de $0,25 \times 0,06$ et 0,04 ; de $0,10 \times 0,10$ et 0,04 ; de $0,17 \times 0,10$ et 0,04 valent, l'une dans l'autre, confondues		0 75
Les plaques de recouvrements en tôle mince, de 0,15 c. sur 0,08 c. entaillées, avec vis (sans façon)........		0 75
Dito de $0,20 \times 0,09$ id		0 90
Dito de $0,14 \times 0,07$ id....		0 75
Dito de $0,15 \times 0,09$ id..		0 80
Dito de $0,13 \times 0,07$ id...........		0 75
Dito de $0,27 \times 0,07$ id..		1 10
Dito de $0,20 \times 0,20$ id		1 25
Dito de $0,30 \times 0,09$ id		1 25
Dito de $0,15 \times 0,15$ id...........		1 10
Dito de $0,23 \times 0,14$ id...........		1 25
Dito de $0,09 \times 0,05$ id...........		0 50
Dito de $0,04 \times 0,03$ id...........		0 30

TYP. APPERT FILS ET VAVASSEUR, passage du Caire, 54, à Paris